하필, 고양이가 뭐람!

하필, 고양이가 뭐람!

초판 1쇄 발행   2017년 8월 31일

글   조영광
그 림   양아연
펴 낸 이   한승수
펴 낸 곳   티나

편   집   정내현
디 자 인   김연수
마 케 팅   안치환

등록번호   제2016-000080호
등록일자   2016년 3월 11일

주   소   서울시 마포구 동교로27길 53 지남빌딩 309호
전   화   02 338 0084
팩   스   02 338 0087
E-mail   moonchusa@naver.com

I S B N   978-89-7604-344-3 (03490)

하필, 고양이가 뭐람!

조영광 글 ㅣ 양아연 그림

문예춘추사

까칠한 고양이에게 사랑스러운 집사가 되다

　과연 사람은 고양이를 길들일 수 있을까요? 혹시나 고양이가 사람을 길들이는 건 아닐까요?

　최근 영국의 한 대학교 연구진은 고양이가 울음소리로 사람을 조종한다는 연구 결과를 국제학술지에 발표했습니다. 연구팀의 분석 결과를 보면, 고양이와 사람 간의 관계를 주도하는 것은 고양이입니다.

　고양이가 가끔 내는 '갸르릉' 소리에는 사람의 감수성을 파고드는 효력이 있다고 합니다. 또한 우리가 흔히 만족감의 표현이라고만 생각했던 고양이의 울음소리는 실제로 주인의 행동을 끌어내는 미묘한 역할을 한다고 분석하였습니다. 이는 고양이들이 무엇인가 필요한 것이 있을 때 사람에게 확실하게 호소하는 방법을 터득한 것이며, 울음소리의 높낮이와 크기에 따라 사람들이 다르게 반응한다는 사실을 고양이들이 잘 알고 있다는 것을 의미합니다.

　흔히 고양이를 키우는 사람을 일컬어 '고양이 집사'라고 합니다. 아마도 그것은 그만큼 독립심이 강하고 도대체 무슨 생각을 하고 있는지 인간의 머리로는 도저히 이해하기 어려운 '고양이님'과 함께 살기 위해서 나의 모든 시간과 정성을 다 바쳐 떠받들어야 한다는 의미일 것입니다.

그저 막연하게 고양이를 좋아하고, 강아지보다는 좀 더 키우기 편할 것 같아서 고양이를 입양하려 하는 사람들에게 이 책을 권하고 싶습니다. 고양이는 절대로 호락호락하지만도, 마냥 귀엽지만도 않습니다. 때론 잠 한숨 안 자고 뛰어다니는 고양이에게 밤새도록 시달리느라 비몽사몽 간에 깨어난 아침, 여린 팔뚝 피부 전체에 엉망진창으로 남아있는 빨간 생채기 자국을 발견할 수도 있습니다. 사방팔방 날리는 털 때문에 연신 재채기를 해 대며 입안에 거북하게 남아 있는 고양이 털 한 가닥을 뱉어 내야 할지도 모릅니다. 또한, 모처럼 어렵게 준비한 뉴질랜드산 수제 간식을 매몰차게 거부하는 고양이에게 마음을 다치기도 하고, 집 안에 들어서자마자 독하디독한 고양이 똥 냄새에 코를 싸매고 떠나는 친구의 뒷모습을 보게 될 수도 있습니다.

하지만 한번 빠지면 절대로 헤어날 수 없는 고양이만이 가진 매력과 밀고 당기는 재미를 알게 된다면 아마도 평생 고양이 집사 노릇을 자청할 수밖에 없을 것입니다. 부디 이토록 사랑스러운 고양이들과 함께하는 즐거움을 조금 더 많은 사람이 누릴 수 있길 기원합니다.

2017년 시원한 소나기가 퍼붓고 있는 여름날 조영광

히말라얀 Himalayan

털 : 장모 | 원산지 : 미국, 영국

페르시안과 샴의 교배종으로 부스스한 털과 파란 눈
이 매력적입니다. 코가 짧고 들려 있으며 성격은 조용
히 앉아 있는 것을 좋아할 정도로 얌전합니다. 장모종
이어서 특히 털 관리에 신경 써야 합니다. 사람을 잘
따라서 초보 집사에게 많이 추천하는 고양이입니다.

가만 앉아
있고 싶다옹.

다양한 표정을
지을 수 있다냥.

페르시안 Persian

털 : 장모 | 원산지 : 페르시아

고양이계의 귀공자라고 할 수 있을 정도로 온화하고
내성적인 성격을 가지고 있습니다. 뛰어다니는 일이
없고 느긋하게 앉아 주변의 움직임을 즐기는 편입니
다. 코가 납작하고 눈 사이가 먼 독특한 외모를 지니
고 있습니다. 길고 부드러우며 풍부한 털이 특징입니
다. 사람에게도 순종적이고 의젓해서 키우기가 쉬운
고양이입니다. 페르시안은 1871년 런던의 크리스털
팰리스에서 개최된 최초의 현대 고양이 쇼에서 챔피
언으로 선정된 품종입니다.

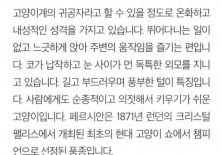

샴 Siamese

털 : 단모 | 원산지 : 태국(샴)

털이 부드럽고 우아하며 사파이어 블루 빛 눈동자가 환상적입니다. 크고 뾰족한 귀와 역삼각형 머리를 가지고 있지요. 호리호리하고 늘씬한 몸매를 지니고 있으며 태국 고대 왕국의 궁정에서 고귀하게 자란 유서 깊은 고양이입니다. 감수성이 예민하고 자유분방한 성격으로 스킨십을 좋아하며 애교가 많습니다. 전설에 따르면 샴은 노아의 방주에 탑승한 사자와 유인원 사이에서 태어났다고 합니다.

이래 봬도 궁정 출신이다옹.

푸른 광택이
사파이어보다
아름답다냥!

러시안 블루 Russian Blue

털 : 단모 | 원산지 : 러시아

은회색 털이 빛에 반사될 때 푸른 광택을 내며 귀족적인 분위기를 풍깁니다. 호리호리한 몸매에 우아한 자태를 띄며, 조용하고 얌전한 편입니다. 거의 울지 않는 품종으로 내성적이고 충성심이 강합니다.

스코티쉬 폴드 Scottish Fold

털 : 장모, 단모 | 원산지 : 스코틀랜드

짧은 귀가 앞으로 납작하게 접힌 귀여운 외모가 특징으로 볼이 통통하고 눈동자가 커서 표정이 풍부합니다. 사람을 잘 따르고 애교가 많습니다. 혼자서도 잘 놀지요. 속 털이 빽빽하고 털이 많이 빠지기 때문에 매일매일 빗질을 해 주어야만 합니다.

빗질을 매일
해 달라냥.

나는 점프
챔피언이다냥!

먼치킨 Munchkin

털 : 장모, 단모 | 원산지 : 미국

다리가 짧고 아장아장 걷는 모습이 귀엽지만 의외로 점프를 좋아하고 나무
를 잘 탑니다. 털이 촘촘하고 윤기가 있으며 명랑한 성격에 호기심이 강한
장난꾸러기입니다. 활발하고 장난을 잘 치기 때문에 실컷 놀 수 있는 캣타워
를 설치해 주는 것이 좋습니다.

뱅갈 Bengal

털 : 단모 | 원산지 : 미국

표범 같은 무늬를 가지고 있고 근육질입니다. 탄력적이고 다부진 몸매에 날카롭고 야성적으로 보이는 외모와는 달리 성격은 온순하고 사교적이어서 사람을 잘 따릅니다. 울음소리가 크고 활동성이 강하기 때문에 자주 운동을 시켜야 합니다.

운동하고 싶다냥.

큰 귀가
매력이다옹.

아비시니안 Abyssinian

털 : 단모 | 원산지 : 에티오피아, 인도

눈이 크고 근육질이며 몸이 유연합니다. 빛나는 털이 매력적
이고 성격은 활발해서 장난을 잘 치고 충성심이 강합니다. 호
기심이 왕성하고 노는 것을 좋아하기 때문에 캣타워처럼 혼자
서도 마음껏 놀 수 있는 기구를 만들어 주어야 합니다. 토끼처
럼 큰 귀를 지녀서 별명이 '버니 캣'입니다.

노르웨이 숲 Norwegian forest

털 : 중장모 | 원산지 : 노르웨이

북유럽의 혹독한 겨울을 버틸 정도로 털이 무척 풍성하고 꼬리털이 화려합니다. 운동 신경이 좋고 민첩하며 높은 곳을 좋아해서 나무 타기를 즐깁니다. 똑똑하고 정이 많은 성격입니다.

나랑
운동하쟈냥!

아메리칸 숏헤어 American Shorthair

털 : 단모 | 원산지 : 미국

얼굴이 동그랗고 짧으며 촘촘하게 털이 나 있습니다.
온순하고 사람을 잘 따르며 적응력이 뛰어납니다.
중대형급 고양이로 넓은 가슴팍과 탄탄한 근육을
자랑합니다. 운동 신경이 뛰어나고 활발해서 과격하
게 노는 것을 좋아합니다.

나랑 같이
헬스할래옹?

집사 : 고양이 뒤에서 온갖 수발을 들어 주는 보호자

캣맘, 캣대디 : 길고양이에게 밥이나 잠자리를 챙겨 주는 사람

길냥이 : 길거리에서 살고 있는 고양이

아깽이 : 아기 고양이를 귀엽게 부르는 말

냥줍 : 고양이를 길에서 데려오는 행위

젤리 : 말랑말랑한 고양이의 발바닥 패드, 핑크 젤리, 포도 젤리

솜방망이 : 고양이가 무엇인가를 잡기 위해 앞발을 휘두르는 모습

꾹꾹이 : 갓 태어났을 때 어미젖이 더 잘 나오게 하기 위해 꾹꾹 누르던 행동이 남아 있는 것

냥무룩 : 고양이가 시무룩해 있는 모습

그루밍 : 고양이 특유의 행동으로 혀로 온몸의 털을 핥아 관리하는 행동

헤어볼 : 그루밍을 통해 삼킨 털이 소화관 내에서 딱딱하게 뭉쳐 있는 것

우다다 : 사냥 본능을 해결하지 못한 고양이가 에너지를 소비하기 위해 달리는 행동

스크래치 : 발톱을 갈기 위해 물체에 대고 긁는 행위

감자 : 화장실에 고양이가 소변을 본 뒤 모래와 소변이 함께 뭉쳐진 상태

맛동산 : 대변에 화장실용 모래가 붙어 뭉쳐진 상태

사막화 : 화장실에 다녀온 고양이 발바닥에 묻어 나온 모래가 주변 바닥에 널려 있는 상태

스프레이 : 수고양이가 자신의 영역을 표시하기 위해 꼬리를 세우고 주변에 소변을 뿌리는 행위

식빵 자세 : 고양이가 편안한 상태로 휴식을 즐길 때 손발을 몸 안으로 넣고 엎드려 있는 자세

캣닢 : '개박하'라고도 부르는 민트 계열의 허브과 식물로 고양이에게 황홀경을 느끼게 하고 흥분시키는 효과를 지니고 있음

캣그라스 : 고양이가 뜯어먹어도 무방한 풀

마약 방석 : 캣닢을 안에 넣어서 만든 푹신푹신한 방석

무릎냥이 : 애교가 많아서 사람 무릎에 올라앉기를 좋아하는 고양이

개냥이 : 마치 강아지처럼 애교를 잘 부리고 붙임성이 좋은 고양이 (개+고양이)

돼냥이 : 살이 너무 많이 쪄서 비만 상태의 고양이 (돼지+고양이)

곤냥마마 : 고양이를 높여 부르는 말

냥타구 : 고양이를 너무 사랑하는 사람, 고양이 오타쿠

하악질 : 신경이 날카롭거나 경계심을 표시할 때 내는 소리

채터링 : 밖을 쳐다보거나 사냥감을 보면서 내는 갸르릉 소리

털뿜뿜 : 털갈이 시기에 심하게 털이 빠져 흩날리는 모습

땅콩 : 수고양이의 고환을 지칭하는 말

턱시도 : 털 색깔이 마치 턱시도를 입은 것처럼 검은 바탕에 가슴팍에 흰털이 나 있는 고양이

삼색 고양이 : 검은색, 흰색, 주황색 세 가지 색깔이 얼룩덜룩하게 무늬를 이루고 있는 고양이

치즈 케이크 : 노란색 줄무늬가 있는 고양이

고등어 : 잿빛 바탕에 검은색 줄무늬가 있는 고양이

난 아무것도 몰라요

난 아무것도 안 보여요. 들리지도 않지요.

그저 따뜻한 엄마 품이 좋을 뿐이에요! 좋은 냄새가 나는 방향으로 열심히 기어가면 맛있는 우유가 나오는 엄마 젖을 찾을 수 있어요. 앞 발로 번갈아 엄마 젖을 꾹꾹 누르면 우유가 더 많이 나오는 것 같아요. 배불리 젖을 먹고 나서 엄마가 온몸을 골고루 핥아 주면 기분 좋게 오줌을 눌 수 있어요. 하염없이 졸음이 밀려와요. 아무래도 한숨 푹 자야 할 것 같아요.

나는 세상에 태어난 지 아직 일주일밖에 안 됐어요.

입을 크게 벌리고 우렁차게 목소리를 높이면 "니야 옹."이라는 소리를 낼 수 있어요. 하지만 아직은 엄마 품을 파고들어 열심히 젖을 빠는 일 말고는 아 무것도 할 수 없어요. 저도 언젠가는 날쌔게 도망 가는 생쥐를 사냥하고 옆집 부엌에서 맛있는

냄새를 풍기는 생선도 훔칠 수 있겠죠? 하루 빨리 그날이 왔으면 좋겠
어요!

며칠이 지났어요.

뚜렷하진 않지만 조금씩 세상을 볼 수 있어요. 아직까진 눈이 많이
부셔요. 잔뜩 찌푸린 눈꺼풀 사이로 안개가 끼어 있는 것 같지만 그래
도 뿌옇게 엄마 얼굴을 알아볼 수 있어요. 약간씩 귓구멍도 열려 작은
새가 지저귀는 소리도 들을 수 있답니다. 다리에 힘도 많이 생겼어요.
온종일 언니 오빠들과 장난치는 게 일이랍니다. 둘째 오빠 꼬리를 쫓

아다니다가 나도 모르게 힘껏 깨물었더니 오빠가 다시는 나랑 안 논 대요. 다시는 그러지 말아야지.

엄마랑 언니 오빠랑 다 같이 산책을 나왔어요! 저한테는 모든 것이 처음이라 새롭기만 합니다. 엄마가 혼자서 너무 멀리 가지 말고 잘 따라오래요. 내 키보다 커다란 풀숲을 지나다가 새까만 딱정벌레를 잡고, 팔랑팔랑 날아다니는 나비를 쫓아 이리저리 뛰어다니기도 했어요. 엄마한테 벌써 두 번이나 목덜미를 물려 옮겨졌어요. 그래도 기분이 너무 좋아서 가르릉 소리를 냈지요.

한참을 놀다가 따스한 햇살이 가득한 나지막한 바위 위에서 깜빡 잠들었어요. 온종일 뛰어다녔더니 너무나 졸렸거든요. 얼마나 잤는지 잘 모르겠어요. 살며시 눈을 뜨니 주변에 아무도 없었어요. 엄마도 없고 언니 오빠도 보이지 않았지요. 덜컥 겁이 나 울음이 터져 나왔어요. "니야옹." "니야옹." 계속해서 목청껏 울어 봤지만 아무도 돌아오지 않았어요. 난 혼자 남겨졌어요.

얼마나 걸었는지 몰라요.
배에서 자꾸 꼬르륵 소리가 나는데 아무리 둘러봐도 먹을 만한 건 보이지 않아요. 달콤한 엄마 젖이 먹고 싶어요. 갑자기 주변이 소란스러워졌어요. 멀리서부터 엄청 커다란 무엇인가가 쿵쿵 소리를 내면서 나한테 다가오고 있어요. 태어나서 처음 맡아 보는 냄새가 나요. 엄마나 언니 오빠 냄새 같지는 않아요. 무서워요. 너무 무서워요. 어두운

구석에 웅크리고 앉아 목청껏 엄마를 불렀어요.

　그때, 갑자기 다정한 목소리가 들려왔어요. 향긋한 냄새가 나는 물건을 천천히 흔들어 대네요. 입에 잔뜩 침이 고일 정도예요. 몸이 덜덜 떨릴 정도로 무섭지만 용기를 내기로 했어요. 배가 너무 고팠거든요. 나도 모르게 조금씩 다가갔어요. 한 발, 또 한 발. 향긋한 냄새가 나는 막대기를 조금 핥아 봤어요. 생전 처음 느껴 보는 맛이에요. 정신없이 깨물어 먹다 보니 다정한 목소리를 내는 무엇인가가 나를 조금씩 쓰다듬기 시작했어요. 등도 만지고 머리도 만지고, 마치 엄마가 몸을 핥아 주는 것처럼 기분이 좋아졌어요.

　그렇게 우리 주인님이랑 처음 만났어요.

1 고양이 성장일기

출생 직후 세상에 처음 태어난 아기 고양이는 잘 보지도 듣지도 못합니다. 그저 본능적으로 엄마 젖을 빠는 행동 말고는 아무것도 할 수 없습니다.

1주일째 눈을 조금씩 뜨기 시작합니다.

3주일째 귀가 조금씩 열리기 시작합니다.

한 달째 잇몸을 뚫고 유치가 나기 시작합니다. 아기 고양이는 신나게 뛰어다니면서 엄마랑 산책을 다닐 수도 있습니다.

한 달 반째 사냥 놀이를 시작하고 주변에 움직이는 물체에 예민하게 반응합니다.

두 달째 자연스럽게 엄마 젖을 끊고 주변 환경에 적응하는 사회화 시기에 접어듭니다.

2 고양이의 감각 기관

시각 빛이 매우 적은 환경에 최적화되어 있습니다. 눈 뒤쪽에 얇은 반사판이 있어 밤중에 고양이의 눈은 번쩍이는 것처럼 보입니다. 하지만 고양이도 완벽한 어둠 속에서는 앞을 볼 수 없답니다. 고양이는 빨간색 계열의 색상은 잘 보지 못하므로 가능하면 빨간색 장난감은 피하는 것이 좋습니다.

후각 고양이는 사람보다 후각이 4배나 발달되어 있습니다. 특히 음식이 상한 냄새를 구별하는데 탁월합니다.

청각 고양이는 매우 높은 주파수 영역의 소리를 들을 수 있습니다. 참고로 고양이는 몸의 평형을 담당하는 전정기관이 발달해서 높은 곳에서 떨어져도 안전하게 네 발로 착지할 수 있습니다.

미각 고양이는 짠맛, 신맛, 쓴맛을 구별할 수 있지만 단맛은 잘 느끼지 못합니다. 오히려 생고기를 먹을 때 단맛과 비슷하게 느낄 수 있습니다.

무슨 맛 이냥?

3 고양이 바르게안기

사람을 잘 따르고 얌전하더라도 사람에게 안기는 것을 싫어하는 고양이가 은근히 많습니다. 사람에게 안기기 좋아하는 순한 고양이로 키우기 위해서는 어렸을 때부터 자주 안아 주고 신뢰감을 쌓는 것이 무엇보다 중요합니다. 고양이를 바르게 안는 방법은 우선 고양이가 편안한 상태에서 천천히 쓰다듬은 다음 한 손으로 엉덩이를 받치고 다른 쪽 손으로 고양이의 가슴팍을 감싸 안은 뒤 몸 전체를 단단히 밀착시켜 안정감을 느낄 수 있도록 하는 것입니다. 고양이가 싫어하는 부위는 만지지 말고 발버둥 치거나 꼬리를 심하게 흔들면 거부한다는 의사 표현이니 즉시 내려 주는 것이 좋습니다.

4 고양이 울음소리

짧게 냥 하는 소리	친한 상대에게 인사, 상대방에게 불만이나 경고를 표시할 때
냥 냥 반복하는 소리	뭔가를 요구할 때
야옹하고 분명하게 내는 소리	어떤 주장을 할 때 내는 울음소리, 응석을 부리는 소리, 몸이 아플 때에도 이런 소리를 냄
갸아악 하는 비명	공포나 통증을 호소하는 울음소리
냐~옹 하는 신음	긴장이 고조되거나 경계할 때 내는 소리
쉿 하는 거친 울음소리	상대를 위협하거나 방어 태세를 취할 때 내는 소리, 교미할 때 내는 소리
나~오 하는 탁한 울음소리	암고양이가 발정기때 이성을 유혹하는 소리, 아기 울음소리와 비슷함
하악 하면서 기운차게 우는 소리	상대의 동태를 살피면서 위협하는 소리
아캬캬컄 하는 소리	채터링이라는 소리로 다른 동물이 가까이 올 때 어찌할 바를 몰라서 난처해 할 때 내는 소리

야옹이를 만났어요

이게 무슨 소리지?

매서운 겨울이 지나가고 어디선가 살랑살랑 봄바람이 불어오는 날
이었어.

아빠랑 엄마랑 오빠랑 온 가족이 다 함께 보라매공원으로 나들이
가려고 집을 나서던 중, 자동차 뒷바퀴 아래에서 자그마한 울음소리
가 들렸어.

"니야옹……."

잔뜩 웅크리고 있던 아이. 온통 먼지를 뒤집어쓴 채 구슬프게 울고

있었어. 너무 작아서 처음에는 무심코 지나칠 뻔했지. 자세히 살펴보니 새끼 고양이였어. 하얀 바탕에 까만 무늬가 얼룩덜룩하게 몸을 덮고 있는 아기 고양이가 보였어. 사실 첫인상이 살짝 멍청해 보이긴 했어.

"도대체 엄마 고양이는 어디로 간 거야?"

혼자 남아 유난히 하얀 눈자위로 잔뜩 경계하며 나를 빤히 쳐다보던 너를 난 그냥 지나칠 수가 없었어. 혹시나 달아나 버릴까 봐 조심조심 자동차 밑으로 기어 들어가서 나중에 간식으로 먹으려던 천하장사 소시지를 흔들며 살살 꼬드겼지. 조그만 주제에 나름 고양이라고, 처음에는 앙칼지게 발톱을 세우며 하악질까지 했어. 근데 배가 많이 고팠나 봐. 이내 조심스럽게 냄새를 맡더니 크게 한입 잘라 게걸스럽게 먹기 시작했지.

그렇게 소시지 두 개를 순식간에 해치운 야옹이는 기분 좋은 듯, 있는 힘껏 기지개를 폈어. 용기를 내서 살짝 등을 쓰다듬어 보니 보드라운 배냇털의 감촉이 느껴졌어. 천천히, 아주 조심스럽게 난 야옹이를 손바닥 위에 올려놨어.

"집에선 절대로 안 된다!"

아빠는 고양이를 데려가고 싶다는 내 부탁을 단칼로 거절했어.

"고양이가 털이 얼마나 많이 빠지는지 알아? 매일매일 똥오줌도 치워야 되는데? 사랑이가 그런 귀찮은 일까지 다 할 수 있겠어?"

엄마도 걱정과 의심이 가득 찬 눈초리로 나를 쳐다보며 한마디 거드셨지.

"싫어, 나 야옹이 키우고 싶어! 내가 다 할게. 똥도 치우고 털도 내가 다 치울게! 키우게 해 줘, 응?"

엄마 아빠가 허락하기도 전에 난 야옹이를 품에 안고 눈에선 하트를 뿅뿅 발사하고 있었지. 한참을 울고 불며 땡깡을 피우던 내게 결국 엄마 아빠는 항복하셨어. 대신 새끼 고양이에 관한 모든 걸 내가 책임진다는 조건이 달렸지. 이때까지만 해도 고양이를 키우는 일이 그렇게 힘들 줄은 몰랐어. 사실 난 태어나서 고양이를 한 번도 만진 적조차 없었거든.

어쨌든 그렇게 야옹이와 난 가족이 되었어.

1 고양이 입양하기

• 먼저 순종을 원한다면 펫샵이나 전문 브리더(동물을 사육하는 사람)와 상담을 하고, 혼혈종을 원한다면 동물 보호 단체나 유기 동물 관리 사업을 하는 구청, 혹은 동물 병원 등에 문의해야 합니다.

• 좋은 펫샵과 브리더를 판별하기 위해서는 양육 환경이 청결하고 사랑받으며 자랐는지를 확인해야 합니다. 예방 접종 기록 등을 확인해서 철저하게 건강 관리가 이루어지고 있는지 판단해야 하며, 고양이에 대해 질문을 했을 때 상세하고 친절하게 설명하는 곳을 선택하는 것이 좋습니다.

> **고양이와 아이를 함께 키울 때 좋은 점**
> 01 고양이와의 교감을 통해 아이의 두뇌 발달에 도움을 줄 수 있습니다.
> 02 둘도 없는 친구를 얻게 됨으로써 사회성을 기를 수 있습니다.
> 03 아토피 피부병이나 천식 등 알레르기성 질환에 대한 면역력을 강화시킬 수 있습니다.

2 길고양이 입양할 때 주의 사항

• 길고양이는 대부분 기생충이나 피부병 등에 감염되어 있습니다. 그러므로 동물 병원에 갈 때에는 반드시 이동장을 이용하여 다른 고양이나 사람에게 병을 전염시키지 않도록 주의해야 합니다. 또한 동물 병원에서는 건강 상태와 나이, 전염병 감염 여부를 파악하고 예방 접종과 기생충 구제(驅除)를 반드시 해야 합니다.

• 주변에서 새끼 길고양이를 발견했을 경우에는 바로 데려오기보다는 어느 정도 시간을 두고 관찰해야 합니다. 근처에 어미 고양이가 잔뜩 경계한 채 서성거리고 있을 가능성이 있기 때문입니다.

3 건강한 고양이 건강 상태 확인 방법

• 온몸을 샅샅이 만져 보고 이상이 없음을 확인함으로서 기본적인 몸 상태를 파악하는 것이 중요합니다. 털에는 윤기가 흐르고 귓속은 청결하며 악취가 나지 않아야 합니다. 눈곱이 많이 끼어 있거나 콧물을 심하게 흘리고 재채기를 할 경우에는 전염성 질환에 걸려 있을 가능성이 있습니다. 항문은 깨끗해야 합니다. 항문 주변이 지저분할 경우에는 설사를 하고 있을 수도 있습니다. 또한 몸 전체적으로 관절이나 뼈를 만져서 통증은 없는지, 걸음걸이가 부자연스럽거나 발바닥에 상처가 있는지 여부 등을 잘 살펴보아야 합니다.

• 건강한 고양이 : 심박수(1분당 140~220회), 호흡수(1분당 20~30회), 체온(37.9~39.2℃)

4 고양이에게 강아지 사료를 줘도 될까요?

고양이가 체내에서 스스로 합성하지 못해 반드시 음식을 통해서 보충해 주어야 하는 영양소가 있습니다. 대표적인 것이 바로 유기산의 일종인 타우린입니다. 속설에 따르면 고양이에게 강아지 사료를 오랫동안 먹이면 눈이 멀 수도 있다고 하는데 이는 바로 타우린이 부족할 때 나타나는 대표적인 증상입니다. 또한 아르기닌, 메치오닌, 시스테인, 티아민 등의 성분도 마찬가지로 고양이가 스스로 합성하지 못하기 때문에 음식으로 보충해 주어야 하는 영양소입니다. 야생 고양이들은 스스로 이런 성분들을 골라서 섭취하지 못하기 때문에 자신의 먹잇감에 '운 좋게' 이러한 단백질, 무기질 성분이 들어 있기만을 바랄 수밖에 없습니다. 그러나 우리 고양이 집사들은 그런 행운을 기다릴 필요가 없습니다. 사료에 이런 성분이 들어 있는지 확인만 하면 되니까요. 고양이 사료는 대부분 고양이에게 필요한 필수 영양소가 적절하게 배합되어 있습니다. 고양이에게 좋은 사료를 선택하는 방법은 사료에 위와 같은 필수 영양소가 충분히 들어 있는지 사료의 영양학적 균형을 확인하고, 각 성분의 소화 능력과 원료 안정성 등을 꼼꼼하게 살펴봐야 하며, 무엇보다도 우리 고양이가 얼마나 잘 먹는지 기호성을 확인해야 합니다.

밥 좀 달라냥.

우리 가족을 소개합니다!

어제부터 야옹이와 우리 가족의 동거가 시작됐어. 그런데 야옹이는 낯선 환경에 겁을 많이 먹은 것 같아. 식탁 아래 구석에 숨어서 온종일 벌벌 떨기만 하네. 살짝 만져 보고 싶어서 손가락을 내밀면 킁킁 냄새를 맡다가 바로 고개를 획 돌려 버려. 아무래도 어느 정도 적응할 수 있는 시간이 필요할 것 같아.

오늘 아침에 온 가족이 둘러앉아 가족회의를 했어. 주제는 야옹이 이름 짓기! 바니, 밍키, 프린세스, 점박이, 쏭쏭이……. 온갖 이름이 나왔지만 결국 '소미'로 결정했어. 처음 손바닥에 올려놓았을 때 마치 솜 뭉치 같았거든. 소미, 입에 착 달라붙고 아주 마음에 들어. 반가워 소미야. 앞으로 내가 행복하게 해 줄게!

아참! 우리 가족 소개가 늦었네.

우리 아빠는 커다란 비행기를 운전하는 파일럿이야. 미국에 갈 때도 있고, 유럽에 갈 때도 있는데 출근 시간이랑 퇴근 시간이 만날 바뀌어. 어떤 날에는 밤을 꼬박 새고 와서 집에서 잘 때도 있는데 그럴 때에는 온 가족이 특히 조심해야 해. 괜히 시끄럽게 떠들다가 곤하게 자던 아빠를 깨우면 엄청나게 혼나거든. 마루에서도 살금살금 걸어다녀야 돼.

우리 엄마는 가정주부야. 특히 요리를 좋아해서 못 만드는 음식이 없어. 주문만 하면 피자, 돈가스, 탕수육, 만두까지 금새 뚝딱뚝딱 만들어 주셔. 그중에서도 내가 제일 좋아하는 음식은 김밥이야. 학교 가는 길모퉁이에 있는 김밥 가게에서 만드는 김밥이랑은 상대도 안 된다니깐. 진짜 진짜 맛있어.

나보다 두 살 많은 심술쟁이 오빠도 있어. 오빠의 취미는 나 괴롭히기인 것 같아. 심심할 때마다 뒤통수 쥐어박고, 프로레슬링 연습한다고 만날 나를 거꾸로 뒤집어서 침대에 던지곤 해. 살은 뒤룩뒤룩 쪘고 얼굴은 어찌나 심술궂게 생겼는지 몰라. 그래도 지난달에는 나 못살게 구는 우리 반 영철이를 실컷 때려 줘서 조금 고맙기는 했지만 말야. 괜히 우리 소미 괴롭힐까 봐 솔직히 걱정돼.

마지막으로 나는 삼전초등학교 3학년 6반 부반장 한사랑이야. 요새 텔레비전에 자주 나오는 사랑이 때문에 짓궂은 영철이가 만날 놀리긴 해도 난 내 이름이 참 좋아. 내가 태어났을 때 아빠가 한 사람을 영원히 사랑하고, 온 세상 사람들한테 사랑받으라는 의미로 지은 이름이야.

　난 우리 반에서 키가 좀 작은 편이지만 이름이 'ㅎ'으로 시작해서 제일 뒷 번호야. 그래서 교과서 받을 때도, 시험지 받을 때도 만날 제일 마지막에 이름이 불려. 어서 빨리 홍씨나 현씨처럼 내 이름보다 뒤에 불리는 친구를 만났으면 좋겠어.

　아빠 엄마와 함께 소미한테 필요한 물건을 사러 고양이 용품 마트에 다녀왔어. 뭐가 필요한지 하나도 몰라서 아저씨한테 물어봤더니 친절하게 조목조목 설명을 해 주었어.

"고양이를 처음 키운다고요? 그럼 당장 필요한 물건부터 좀 챙겨 줄게요. 먼저 고양이한테 먹일 사료랑 화장실이 필요할 거예요. 화장실에 채워 넣을 모래랑 똥오줌 치울 화장실 청소용 모래 삽도 당연히 함께 있어야 해요. 물그릇이랑 이동용 가방도 필수죠. 오늘은 일단 이정도만 구입하고 튼튼한 고양이 집이나 장난감, 목욕용품 같은 것은 천천히 장만해도 될 거예요."

솔직히 나는 소미한테 이렇게 많은 물건이 필요한지 몰랐었어. 그런데 곰곰이 생각해 봤더니 나도 태어났을 때 젖병이랑 분유랑 아기 침대 같은 물건이 많이 필요했겠지? 괜히 엄마랑 아빠한테 고마운 마음이 드는 거 있지. 엄마, 아빠 사랑해요.

1 아기 고양이의 필수 용품

아기 고양이용 사료
가능하면 예전에 먹던 사료를 준비하는 것이 좋고 교체 시기는 새로운 환경에 적응한 뒤에 바꾸는 것이 좋습니다. 아기 고양이는 스트레스를 받으면 쉽게 설사할 수 있습니다.

고양이 화장실과 모래
화장실은 후드형과 평판형이 있고 인적이 드물고 조용하며 독립적인 공간에 설치해야 합니다. 모래는 응고형과 흡수형으로 나뉘는데 가능하면 10cm 이상 넉넉하게 까는 것이 좋습니다. 또한 고양이가 화장실을 사용한 뒤에는 배설물을 바로 치우는 것이 이상적이며 배설물의 상태와 양을 점검해서 항상 건강 상태를 파악해야 합니다.

고양이 집
편하고 느긋하게 쉴 수 있어야 하고 보온성이 좋아야 합니다.

밥그릇, 물그릇
세균이 번식하기 어려운 도자기, 유리, 스테인레스 제품이 좋습니다.

이동용 가방
동물 병원에 방문할 때나 이동할 때 반드시 필요한 물품으로, 들고 다니기 쉽고 넉넉한 크기로 준비해야 합니다.

스크래처
미리 스크래처를 준비해서 고양이가 벽이나 가구를 함부로 긁지 않도록 하는 것이 좋습니다. 소재와 종류가 다양하므로 고양이가 좋아하는 것을 선택하면 됩니다.

장난감, 목욕 용품, 고양이용 손톱깎이, 브러시

아기 고양이 맞이하기

01 환경에 적응할 수 있는 시간을 충분히 주어야 합니다.

02 가능하면 사용하던 사료나 화장실 모래를 준비해서 적응할 수 있도록 도와야 합니다.

03 예쁘다고 심하게 만지거나 스트레스를 주지 말고 어둡고 조용한 장소에서 시간을 보낼 수 있도록 해야 합니다.

2 고양이가 살기 좋은 환경이란?

고양이들은 지나친 더위나 추위에 약한 편입니다. 집에 혼자 있을 때에도 약간 따뜻하다 싶을 정도로 온도를 맞추어 주세요. 캣타워 같은 상하 운동을 할 수 있는 환경과 스트레스를 피할 수 있는 고양이만의 독립적인 공간을 만들어 주어야 합니다. 또한 항상 깨끗하게 화장실을 관리해 주어야 합니다. 설치 장소는 가능한 식사 공간과 멀리 떨어진 곳에 설치해 주세요.

3 고양이 꼬리 사용법

기본 기능	1. 점프하거나 착지할 때 균형을 잡아 준다. 2. 겨울에는 목도리처럼 몸을 따뜻하게 할 때 사용한다. 3. 영역을 표시할 때 사용한다. 4. 자신의 감정을 표현할 때 사용한다.
수직으로 곧게 세움	기분이 좋을 때 놀아 달라는 표현, 어리광을 부리고 싶을 때
천천히 꼬리를 흔듬	긴장이 풀려 있는 상태
잔뜩 부풀림	공포를 느끼거나 공격 태세를 취할 때
바짝 올려서 꺾음	경계 모드, 상대를 위협하거나 싸움을 거는 행동
다리 사이에 끼울 때	겁을 먹고 싸움을 피하고 싶을 때
축 늘어뜨림	우울하거나 기력이 없을 때, 몸 상태가 안 좋음
배에 딱 붙힘	잔뜩 긴장해 있다는 신호
좌우로 빠르게 흔듬	안절부절 못할 때, 짜증이 날 때
끝만 움찔거림	흥미로운 것을 발견했을 때
누워서 살랑살랑거림	나를 부르는 걸 알지만 대답하기는 귀찮을 때, 무엇인가를 관찰할 때

난 꼬리로 감정을 표현한다옹.

동물 병원 방문하기

소미가 우리 집에서 함께 살기 시작한 지 벌써 1주일이 넘었어. 이제 꽤 친해진 것 같아. 알갱이가 작은 사료를 따뜻한 물에 불려서 주면 허겁지겁 잘 먹고, 따로 배변 훈련을 시킨 것도 아닌데 신기하게 화장실도 엄청 잘 가려. 그저께부터는 쓰다듬어 주면 기분 좋게 "야옹" 거리면서 어리광도 피워. 신통방통, 너무 귀여워.

그런데 어젯밤부터 자꾸 머리를 흔들고 뒷발로 귀를 긁어 대기 시작했어. 한참을 벅벅 긁다가 너무 심한 것 같아서 못하게 하면 잠깐 동안 눈치를 보는 거야. 그러다가 멀찌감치 잘 안 보이는 구석에 숨어서 또 긁어 대는 거 있지. 아무래도 무슨 문제가 있는 것 같아서 오늘 아침에 동물 병원을 다녀왔어.

"안녕하세요, 그레이스 동물 병원입니다. 무엇을 도와드릴까요?"
"저기요. 우리 집 고양이가 귀를 너무 많이 긁는 것 같아요."
문을 열고 동물 병원에 들어갔더니 예쁜 간호사 언니가 반갑게 맞

이해 줬어. 다들 우리 소미가 예쁘다고 난리야. 우리 소미가 예쁘긴 하지. 에헤헤, 사실 동물 병원에 처음 온 거라서 겁이 조금 났었거든. 왠지 커다란 주사 바늘로 막 찌를 것 같고 피가 흥건한 수술 방은 상상만 해도 우욱, 토할 것만 같아. 그런데 친절한 간호사 언니를 보니까 마음이 좀 편해졌어.

"와아, 엄청 귀여운 고양이랑 훨씬 더 귀여운 꼬마 아가씨가 왔네! 이름이 뭐예요?"
"선생님, 안녕하세요. 전 사랑이고, 얘는 소미예요!"
"하하, 똑소리 나는 아가씨, 반가워요. 소미랑 같이 이쪽으로 들어오세요."

대기실에 앉아 잠깐 동안 기다리고 있었더니 진료실 문이 열리고 인자하게 보이는 수의사 선생님이 활짝 웃으면서 나왔어. 워낙 작은 눈에다가 동그랗고 두꺼운 안경을 쓰고 있어서 보기만 해도 기분이 막 좋아지는 선생님이야. 특히 고양이를 많이 다뤄 본 것 같은 느낌이 들었고, 왠지 우리 소미를 하나도 안 아프게 치료해 줄 것만 같았어.
내가 고양이를 처음 키운다고 했더니 이것저것 알려 주었어.

"고양이는 강아지랑은 완전히 다른 동물이에요. 강아지 키울 때처럼 생각하면 큰코다칠 수 있어요. '강아지는 주인을 따르지만 고양이는 주인이 따라야 한다!'라는 말이 있어요. 그래서 흔히 고양이를 키우는 사람을 고양이 집사라고 부르는데, 평생 동안 받들어 모시고 살아야 된다는 뜻이죠. 그래도 고양이만이 가지고 있는 도도한 매력이 있어서 한번 고양이를 키워 본 사람은 그 매력에서 도저히 빠져나올 수가 없다고 해요."

수의사 선생님은 소미의 건강 상태를 꼼꼼히 살피기 시작했어. 청진기로 심장 소리도 듣고, 체온도 재고, 피부 상태랑 귓속도 들여다보았어.

"아이고, 우리 소미 귓속이 엄청 지저분하네요. 까만 귀지가 잔뜩 나오는 걸로 봐서는 귀진드기가 있을 것 같은데, 우리 현미경으로 같이 한번 볼까요?"

"꺄아아아아아악, 징그러워!"

 난 나도 모르게 비명을 질렀어. 수의사 선생님이 보여 준 컴퓨터 모니터에서 짧은 다리가 여러 개 달린 시커먼 벌레가 꾸물꾸물 움직이는 것을 봤거든. 내가 너무 크게 소리를 질렀나 봐. 수의사 선생님이랑 간호사 언니도 놀라고 옆에 있던 아빠도 놀라고, 그 바람에 우리 소미도 놀라서 그만 책상 밑으로 숨어 버렸거든. 한참 동안 도망간 소미를 잡느라 씨름하다가 겨우 다시 진료를 받기 시작했어. 너무 부끄러워서 쥐구멍에라도 들어가 숨고 싶었어.

 큰 소동이 지나간 뒤 수의사 선생님은 고양이를 바르게 안는 법부터 차근차근 설명해 주었고, 귀 청소랑 첫 번째 예방 접종도 했단다. 주사 바늘을 등에 콕 찌를 때에는 혹시라도 소미가 아파할까 봐 나도 무서워서 눈을 꼭 감고 있었어. 그래서 솔직히 소미가 어떻게 참고 버텼는지 기억이 안 나. 수의사 선생님은 3주 뒤에 두 번째 예방 접종을 하러 꼭 와야 된다고 예쁜 수첩에 적어 주었고, 앞으로도 소미를 키우면서 궁금한 점이 있으면 언제든지 찾아오라고 했어. 아무래도 좋은 수의사 선생님을 만나게 된 것 같아 기분이 좋은 하루였어.

1 좋은 동물 병원 방문하기

동물 병원은 고양이가 아플 때 방문하는 곳이라기보다는 정기적으로 방문하여 내 고양이에 대한 건강과 상담을 요청할 수 있는 곳이어야 합니다. 고양이에 관한 지식이 풍부한 수의사가 진료를 보고 치료 내용과 과정에 대해 쉽고 친절하게 설명해 주는 곳을 선택해야 합니다. 또한 고양이의 상태에 대해서 수의사에게 정확하게 전달하고 비록 아프지 않더라도 수시로 건강 검진 등을 위해 자주 병원을 방문하여 고양이에게도 동물 병원에 적응할 시간을 주어야 합니다.

고양이 암수 구별법

고양이는 엉덩이를 보고 암수를 구별할 수 있습니다. 수컷인 경우에는 항문과 생식기의 사이가 멀고 고환을 발견할 수 있습니다. 하지만 암컷의 경우에는 항문과 생식기 사이의 거리가 상대적으로 짧습니다.

2 고양이 예방 접종

실내에서만 키우는 고양이라도 전염성 질환의 감염 위험이 전혀 없는 것은 아니기 때문에 예방 접종은 반드시 해야 합니다. 동물 병원마다 예방 접종 백신의 종류와 프로그램이 조금씩 다르긴 하지만 일반적인 고양이 백신은 반드시 접종해야 하는 코어 백신인 3종 혼합 백신 (FPV, FCV, FHV)과 광견병 백신이 있습니다. 또한 보호자의 선택에 따라 추가적으로 백혈병과 복막염 백신 등을 맞을 수 있습니다. 예방 접종 시기는 모체이행항체의 보호 능력을 고려하여 생후 2개월 경에 시작해서 3주 간격으로 3차에 걸쳐 접종합니다. 예방 접종이 끝난 뒤에는 항체 검사를 실시하여 충분한 항체가 형성이 되었는지 확인해야 합니다. 백신으로 형성된 항체는 시간이 지나면서 점차 사라지기 때문에 1년에 한 번씩 지속적인 추가 접종을 해야 합니다.

3 아기 고양이
귀 진드기

고양이의 귀는 'ㄱ' 형태로 굽어 있어서 쉽게 귀지가 생기는데 세균이나 곰팡이 등으로 인해 염증이 일어나면 외이염이 진행됩니다. 외이염의 원인은 목욕할 때 물이 들어가거나 알레르기, 귀 진드기, 외상 등 다양합니다. 외이염에 걸린 고양이는 가려움증으로 인해 귀를 끊임없이 긁거나 물체에 문지르고, 머리를 쉬지 않고 흔듭니다. 또한 고름 같은 귀지가 형성되고 좋지 않은 냄새가 납니다. 외이염을 방치하면 중이염, 내이염 등으로 발전할 수 있기 때문에 서둘러 치료를 받는 것이 좋습니다.

4 고양이
귀 청소하는 법

귀를 청소하기 위해서는 고양이가 안정된 상태에서 귀 끝을 잡고 귀의 입구에 전용 세정제를 흘러넘칠 정도로 충분히 넣어 줍니다. 귀뿌리 아래쪽을 마사지해서 귓속에 있는 귀지들을 불린 뒤 휴지나 거즈를 사용하여 세정제와 함께 흘러나온 분비물을 닦아 줍니다. 면봉을 사용하거나 너무 귀 안쪽까지 손가락을 집어넣는 건 예민한 귓속 피부에 자극을 줘서 오히려 귓병을 유발시킬 수도 있기 때문에 주의해야 합니다.

Q. 고양이가 바닥에 엉덩이를 문질러요

A. 혹시 주기적으로 항문낭을 비워 주나요? 아마도 항문낭이 가득 차 있거나 간지러워서 이런 행동을 할 가능성이 높습니다. 항문낭은 항문을 기준으로 4시와 8시 방향에 위치하여 변과 함께 영역을 표시하는 특유의 항문낭액을 배출하는 역할을 합니다. 항문낭이 가득 차서 염증이 있을 경우에는 배변 장애나 심한 통증을 느낍니다. 심한 경우 파열될 수도 있으므로 동물 병원을 방문하여 주기적으로 관리해야 합니다.

주인님이랑 놀기

아침에는 언제나 한바탕 소란이 일어나요.

새벽부터 일찍 일어나 출근 준비를 마친 아빠는 세상 걱정거리를 전부 짊어진 듯 근엄한 표정을 한 채 신문을 보고 있어요. 부엌에서는 향긋한 봄나물 향기를 풍기며 아침 식사 준비를 하고 있는 엄마의 부드러운 콧노래 소리가 들리고요. 푸석푸석 잔뜩 찌푸린 얼굴로 입이 찢어져라 하품을 하면서 방에서 나오는 오빠도 보이네요. 날 보자마자 아침부터 심술보가 도졌는지 괜히 발로 툭 차고 욕실로 들어갔어요. 오늘도 그다지 운수가 좋은 것 같진 않네요.

내 귀염둥이 주인님은 아침 식사 준비가 끝나고 나서야 느지막이 일어났어요. 반쯤 감긴 눈에 덕지덕지 붙은 눈꼽을 떼면서도 주인님이 아침에 제일 먼저 하는 일은 역시나 텅 비어 있는 내 밥그릇에 맛있는 사료를 가득 부어 주는 일이에요. 물론 내 머리를 쓰다듬어 주는 것도 잊지 않았죠.

한바탕 정신없는 아침 전쟁을 치르고 나서 아빠, 오빠, 주인님이 전부 나가 버리면 그제서야 집 안이 조용해져요. 온전히 나만의 평화로운 시간이죠. 나른한 오후가 되면 창틀 너머로 따뜻한 햇살이 비집고 들어와요. 마루 한쪽에서 쏟아지는 햇살을 받으며 꾸벅꾸벅 졸고 있으면 세상에 부러운 게 하나도 없어요.

단잠을 자다가 초인종 소리에 화들짝 놀라 일어났어요. 난 벌써부터 신이 나서 마루를 쏜살같이 가로질러 현관문 앞으로 달려갔지요. 누가 왔는지 말 안 해도 난 벌써 알고 있어. 내가 제일 좋아하는 주인님이 학교 갔다가 돌아올 시간이거든요.

장애물처럼 어지럽게 놓아져 있는 신발을 타고 넘어가 문이 열리기만을 조마조마하게 기다려요. 밖에서 주인님 목소리가 들리고 익숙한 향기가 느껴지네요. 난 주인님이 들어오자마자 주인님 발목에 정신없이 온몸을 비벼대요. 너무너무 보고 싶었거든요. 우리 주인님은 그런 내가 어지간히도 귀여운지 번쩍 들어 올려 부드러운 볼에다 마구마구 비벼대요. 너무 높아서 살짝 무섭기는 해도 내가 세상에서 제일 사랑하는 주인님을 보니깐 기분이 날아갈 것 같아요.

주인님은 책가방을 벗어던지고 본격적으로 나랑 놀 작정인가 봐요. 내가 제일 좋아하는 장난감은 기다란 낚싯대예요. 낚싯대 끝에는 보

기만 해도 침이 꼴깍 넘어가는 생쥐가 매
달려 있어요. 코앞에서 방울 소리를 내며 달랑달
랑 움직일 때는 숨을 꼭 참고 바짝 긴장하고 있어야
해요. 그러다가 순간적으로 날쌔게 덮쳐야 잡을 수 있거든
요. 근데 요놈도 어지간히 눈치가 빨라요. 내가 손으로 툭툭 칠
때는 약 올리는 것 마냥 가만히 있다가 힘껏 점프해서 붙잡으려고
하면 획 하고 도망쳐 버려요.

　주인님 손가락이랑 노는 것도 재미있어요. 새끼손가락을 잘근잘근
씹으면 간지럽던 이빨이 시원해지는 것 같아요. 주인님 팔뚝을 붙잡고
올라가는 놀이도 좋아해요. 앗! 그런데 나도 모르게 너무 흥분해서
세게 긁었나 봐요. 주인님 손등에 빨간 발톱 자국이 생겼어요. 주인님
이 "아야!" 하고 소리를 지르며 구슬 같은 눈물을 뚝뚝 떨어뜨리네요.
너무 놀라고 미안해서 식탁 밑에 숨었어요. 주인님은 괜찮다고 이제
그만 나오라고 했지만 내가 주인님을 다치게 한 것 같아서 가슴이
아파요. 우리 착한 주인님, 다시는 아프게 하지 않을게요. 앞으로
내가 애교도 많이 부리고 예쁜 짓도 훨씬 더 많이 해서 주인
님 얼굴에 항상 싱그러운 미소만 가득하게 할게요. 그러니까
나랑 만날 놀아요!

　전 주인님이랑 놀 때가 세상에서 가장 행복한 고양이랍니다.

1 고양이가 가져다 놓는 죽은 생쥐

• 주인에게 주는 선물

• 자신의 사냥 능력을 과시하기 위해서

• 주인을 사냥에 서툰 어린아이라고 생각하고 가르쳐 주기 위해서

• 사냥감을 보관하기 위해서

• 흔히 길고양이한테 먹이를 주면서 잘해 줬더니 다음 날 아침, 쥐를 잡아서 신발 안에 넣어 두었다는 이야기가 있습니다. 이런 행동은 고양이의 입장에서는 친밀감의 표현이며 선천적인 사냥 본능을 자랑하는 것이라고 할 수 있습니다. "내게 잘 해 줬으니까 나에게 가장 좋은 것을 선물할게! 쥐는 아무나 잡을 수 있는 게 아니라고!" 마치 이런 뜻이죠. 물론 그 광경을 목격한 순간에는 끔찍하게 느끼겠지만 절대로 비명을 지르거나 고양이를 야단쳐서는 안 됩니다. 사냥 본능을 만족시켜 주는 가장 좋은 방법은 놀이입니다. 사냥을 할 때와 똑같은 동작이 가능한 상황을 만들어 주면 고양이에게 즐겁고 재미있는 놀이가 됩니다. 시중에 판매하고 있는 깃털이나 쥐 모양의 장난감이 달려 있는 낚싯대나 레이저 포인터 등으로 고양이의 주의를 끌어 사냥을 흉내냄으로써 고양이는 지루하지 않고 활기찬 시간을 보낼 수 있습니다.

2 고양이의 지능

동물의 지능을 측정하는 것은 어렵습니다. 하지만 과학적 증거를 토대로 했을 때, 고양이는 머리가 좋은 동물에 속합니다. 일부 전문가는 고양이의 지능을 2~3세 아이와 비슷한 수준으로 판단하는데 고양이의 상황 인식 능력은 타의 추종을 불허한다고 합니다. 또한 사람의 행동을 모방함으로써 배우고 따라하는 습성을 보이기도 합니다. 고양이는 복잡한 행동을 배우고 익힐 수 있지만 그것은 오직 자기 자신을 위한 것일 뿐입니다. 그러므로 고양이에게 동기를 부여할 수 있는 가장 효과적인 방법은 간식과 칭찬밖에 없습니다.

똑똑하다옹!

 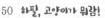

3 고양이가 자꾸 깨물고 할퀴어요

- 일반적으로 이러한 행동은 혼자 생활하는 1살 미만의 어린 고양이에게서 나타납니다. 함께 자란 고양이는 어릴 때 형제나 다른 고양이들과 놀면서 무는 강도 조절을 자연스럽게 배웁니다. 하지만 혼자 자란 고양이는 그런 교육을 받을 기회가 없기 때문에 무는 것에 대해 제어하는 법을 배우지 못한 것입니다.

- 고양이가 깨물거나 할퀴는 행동은 야생에서 사냥을 하던 육식 동물의 본능적인 습성입니다. 보호자의 손을 공격하는 고양이의 표정이나 행동을 자세히 보면 마치 사냥감을 쫓는 것처럼 몸을 잔뜩 웅크리고 엎드린 상태에서 귀를 납작하게 눕힌 채 육식 동물의 공격 전후와 유사한 자세를 취하는 것을 볼 수 있습니다. 하지만 점차 사람에게 길들여지고 실내에서 생활하면서 사냥 기회를 박탈당한 고양이는 인간의 손이나 발뒤꿈치처럼 빠르게 움직이는 물체를 보면 포식 행동을 보이기도 합니다.

- 사실 고양이가 깨물거나 할퀴는 것을 완전히 막을 수는 없습니다. 고양이가 사람을 깨무는 이유는 다양합니다. 따라서 원인을 파악하고 상황에 따라 대처 방법을 달리해야 합니다. 일반적으로 아기 고양이가 손가락을 잘근잘근 깨무는 행동은 놀아 달라는 애정의 표현이거나 이빨이 자라나는 시기에 잇몸이 가려워서 그러는 경우가 많습니다. 반면에 몸을 손질하거나 목욕을 시킬 때 깨무는 행위는 신체의 자유를 빼앗긴다는 두려움이 원인입니다. 손질을 최대한 빨리 끝내고, 고양이가 싫어하면 즉시 멈추는 것이 좋습니다. 그 외, 특별한 이유 없이 깨문다면 다른 욕구 불만이 있거나 스트레스가 원인일 수 있습니다. 특정한 스트레스 요인을 찾아 제거하고, 심각한 경우에는 동물 병원을 찾아 원인을 해결해야 합니다.

꾹꾹이
새끼일 때 어미의 젖을 양발으로 누르면서 빨던 버릇이 남아 있기 때문에 나타나는 행동입니다. 주로 젖을 떼지 않은 상태에서 어미와 헤어진 고양이에게서 나타납니다.

고양이가 자꾸 내게 몸을 비벼대요.
고양이는 얼굴이나 발에 있는 피지선에서 분비되는 냄새를 묻히는 행위를 통해 자기 영역을 표시합니다. 그러므로 주인에게 몸을 비벼대는 행동은 고양이의 특이한 일종의 애정 표현이자 자신의 소유물이라는 냄새를 마킹하는 것이라고 할 수 있습니다.

장난꾸러기 소미

"소미야아아아!"

심술꾸러기 우리 오빠는 또 뭐가 불만인지 학원 갔다 오자마자 집 안이 떠나가라 소리를 질렀어. 보아하니 소미가 또 사고를 쳤나봐. 무슨 일인가 싶어서 달려갔더니 이번엔 오빠가 제일 아끼는 파란색 스웨터에 커다란 구멍을 내 놓은 거 있지. 안 그래도 아침부터 한참 동안 소미가 안 보이길래 뭐하나 했었거든. 오빠 방에 들어가서 신나게 장난치고 있었나 봐. 소미는 그렇게 큰 사고를 쳐 놓고도 '뭐 그런 걸 가지고 유난이냐, 집사야……' 라는 눈빛으로 어리둥절해 하고 있었어. 내 눈에 소미는 마치 천사처럼 귀엽고 사랑스러운데 오빠는 소미를 예뻐하는 것 같지 않아. 평소에 발로 툭툭 차고 못살게 굴더니 약간 고소하다는 생각이 들었어. 결국 소미는 오빠한테 신문지 몽둥이로 엉덩이를 두 대나 맞았어.

요즘 들어 소미는 짓궂은 장난을 많이 하는 것 같아. 며칠 전에는 마루에 있는 커다란 소파 한쪽 기둥을 박박 긁어서 깊은 발톱 자국을 남겨 놓았더라고. 두루마리 휴지를 갈가리 찢어서 방바닥을 전쟁터처럼 어지럽혀 놓는 일은 다반사고, 엄마 화장대에 있는 면봉은 또 얼마나 좋아하는지, 죄다 바닥에 쏟아 놓고 온종일 물고 빨고 뒹굴고 난리도 아니야. 아빠 핸드폰 충전기 전선을 잘근잘근 씹어 놓은 적도 있고, 높은 곳에 올라가는 걸 좋아해서 커튼을 붙잡고 버둥버둥 난리를 피우기도 해. 그 덕분에 커튼 밑자락이 너덜너덜해진지 오래야.

원래 고양이들은 바스락거리거나 빤짝빤짝 하는 걸 좋아한다며? 우리 소미는 특히 비닐봉지를 좋아해. 가끔씩 부엌에서 엄마가 야채 담아 놓았던 비닐봉지를 발견하면 들어갔다 나왔다 하면서 한참 동안 신나게 놀곤 해. 종이 상자는 말할 것도 없지. 자기 몸보다 훨씬 작은 상자에도 무조건 머리부터 집어넣고 시작해. 그런가 하면 제과점에서 식빵 살 때 포장을 묶어 주는 금색 철사끈 있잖아? 그것만 보면 펄쩍펄쩍 뛰면서 그런 난리가 없어! 내가 볼 땐 별것 아닌 것 같은데 소미한테는 엄청 신기한 장난감처럼 느껴지나 봐.

그것 뿐인줄 알아? 새벽 2~3시만 되면 갑자기 엄청나게 뛰어다녀서 온 가족의 잠을 깨우기 일쑤야. 베란다 끝에서 출발해서 마루와 부엌을 거쳐 내 방까지 쏜살같이 질주를 하다가 난데없이 침대에 뛰어오르기도 해. 인터넷에서 찾아보니 이런 행동을 '우다다'라고 하더라고. 예전부터 사냥하면서 살았던 육식 동물의 본능적인 행동으로, 미처 소비하지 못한 에너지를 발산하기 위한 거래. 처음에는 얘가 정신이

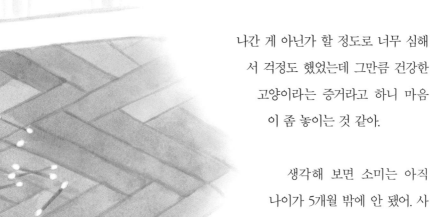

나간 게 아닌가 할 정도로 너무 심해서 걱정도 했었는데 그만큼 건강한 고양이라는 증거라고 하니 마음이 좀 놓이는 것 같아.

생각해 보면 소미는 아직 나이가 5개월 밖에 안 됐어. 사람으로 치면 나보다도 훨씬 어린 7살짜리 꼬마 아이거든. 한참 장난치고 뛰노는 사고뭉치 장난꾸러기인 게 당연한 일이겠지. 내가 소미한테 바라는 건 딱 한 가지 밖에 없어. 그냥 아프지 말고 건강하고 오래오래 나랑 같이 살았으면 좋겠어.

난 사고뭉치 우리 소미가 너무 좋거든.

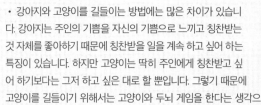
1 고양이 교육시키기

나랑 두뇌
게임 한 판?

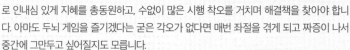

• 강아지와 고양이를 길들이는 방법에는 많은 차이가 있습니다. 강아지는 주인의 기쁨을 자신의 기쁨으로 느끼고 칭찬받는 것 자체를 좋아하기 때문에 칭찬받을 일을 계속 하고 싶어 하는 특징이 있습니다. 하지만 고양이는 딱히 주인에게 칭찬받고 싶어 하기보다는 그저 하고 싶은 대로 할 뿐입니다. 그렇기 때문에 고양이를 길들이기 위해서는 고양이와 두뇌 게임을 한다는 생각으로 인내심 있게 지혜를 총동원하고, 수없이 많은 시행 착오를 거치며 해결책을 찾아야 합니다. 아마도 두뇌 게임을 즐기겠다는 굳은 각오가 없다면 매번 좌절을 겪게 되고 짜증이 나서 중간에 그만두고 싶어질지도 모릅니다.

• 혹시 집에서 고양이가 소파나 벽지를 할퀴어서 갈기갈기 찢어 놓은 적이 있나요? 크게 소리를 지르거나 화를 냈던 적은 없으신가요? 사실 고양이에게 뭔가를 하지 못하게 하려면 고양이의 행동을 읽어 내지 않고는 불가능합니다. 고민 끝에 찾아낸 방법에 고양이가 새로운 행동으로 반응하면, 거기에 대응해 또 다른 방법을 찾아내야 합니다. 계속적으로 방법을 궁리하는 과정에서 주인은 고양이의 성격을 더 잘 파악하게 되고 기대하지 않았던 의외의 성과를 얻을 수도 있습니다. 많은 시행착오 끝에 마침내 해결책을 찾았을 때, 고양이에게서 그때까지 봐 왔던 것과는 다른 뚜렷한 개성이 보일 것입니다. 그것은 마치 다른 누군가와 공동 작업을 함께 해냈을 때 맛보는 성취감과도 비슷하고, 이것은 보호자와 고양이 모두에게 행복한 경험으로 남을 것입니다.

고양이 나이 계산법

고양이	사람	고양이	사람	고양이	사람
1	15	7	44	13	68
2	24	8	48	14	72
3	28	9	52	15	76
4	32	10	56	16	80
5	36	11	60	17	84
6	40	12	64	18	88

2 고양이에게 위험한 물건

사실 집 안에는 고양이에게 위험한 물건들이 널려 있습니다. 고양이들 대부분은 실타래나 털실을 가지고 노는 걸 좋아합니다. 고양이의 혀에는 사상유두라고 부르는 목 안쪽으로 향하는 돌기가 있기 때문에 한 번 삼키게 되면 계속 말려 들어가 소화관이 심각한 손상을 입을 수도 있습니다. 또한 얇은 고무줄이나 반짝이는 동전, 비닐끈, 압정, 단추 등도 삼키면 질식이나 장폐색을 일으킬 수 있으므로 위험합니다. 실내에서 고양이를 키울 때에는 이런 물건들을 뚜껑이 달린 수납 상자에 넣어 안전하게 보관해야만 합니다. 높은 선반에 깨지기 쉽거나 값비싼 물건이 있을 경우에는 미리 치우는 것이 좋고, 이갈이 시기에 아기 고양이는 이빨이 간지러워서 전선을 씹는 경우가 많은데 화상이나 감전의 위험이 있으므로 특히 주의해야 합니다. 전선 주위에 레몬즙, 비터애플 등 고양이가 싫어하는 물질을 발라 두거나 전선 보호 제품을 사서 씌우는 것도 좋습니다.

3 고양이의 스크래칭 행동

- 오래된 발톱을 제거하고 항상 날카로운 상태로 깨끗하게 유지하기 위해서

- 발톱 주변에 있는 분비샘에서 분비되는 냄새를 물건에 묻혀서 영역을 표시함

- 스트레스를 해소하는 행동

- 고양이의 가장 특이한 행동 중 하나는 발톱을 가는 스크래칭 행동입니다. 스크래칭은 고양이에게 기지개 또는 마킹의 의미를 가지기 때문에 가급적 잠자리 근처나 눈에 잘 보이는 곳을 선택하여 단단한 수직면에 스크래처를 붙여 두는 것이 좋습니다. 스크래처는 여러 종류를 제공했을 때 가장 좋아하는 것을 선택하고 좋아하는 냄새를 뿌려서 쉽게 접할 수 있도록 하는 것이 중요합니다. 고가의 가구나 중요한 물건들은 스크래칭을 못하도록 미리 보호책을 마련해 두어야 합니다.

시원하다옹!

Q1. 고양이가 발목을 기습적으로 공격해요.

A. 실내 생활을 하는 고양이는 가끔씩 길모퉁이에 숨어 사람이 오기
만을 기다리고 있다가 기습적으로 발목을 공격하는 행동을 보
일 때가 있습니다. 이는 제대로 된 놀이 시간이 부족하고 사냥
욕구를 풀 대상이 사람밖에 없기 때문입니다. 이럴 때
에는 공격을 받더라도 무시하고 바로 자리를 뜨는 것
이 중요합니다. 추후에 계속 반복할 수 있기 때문에
절대로 자극하거나 부산스럽게 놀이를 받아주면 안 됩
니다. 장난감을 사용해서 하루에 15분씩이라도 고양이와 놀
아 주거나 함께 놀 수 있는 고양이를 한 마리 더 입양해서 친구
를 만들어 주는 것이 좋습니다.

Q2. 고양이가 자꾸 싱크대에 올라가요.

A. 고양이의 문제 행동을 개선하기 위해서는 관심을 다른 곳으로 돌리거나 스스로 '이젠 하기 싫어.' 라고 생각하게 만드는 것이 중요합니다. 그러므로 부엌칼이나 양파, 유리컵 등 위험한 물건이 많이 있는 싱크대 위에 올라가는 것을 방지하기 위해서는 큰 소리를 내며 떨어지는 물건을 설치해서 깜짝 놀라게 하거나 끈적끈적한 양면테이프를 붙이는 방법이 좋습니다. 이런 방법들은 고양이가 스스로 위험한 장소의 근처에 접근할 생각 자체를 안 하게끔 할 수 있습니다.

Q3. 고양이가 자꾸 옷이나 천을 빨고 잘근잘근 씹어요.

A. 이런 행동은 유전적 성향 혹은 무료함을 달래기 위해서 고양이들 사이에서 흔히 볼 수 있는 행동입니다. 고양이들은 특히 모직 천이나 스웨터를 좋아하는데 좋아하는 사냥감과 냄새와 촉감이 비슷하기 때문이라고 합니다. 만일 고양이가 천 조각을 먹거나 옷을 심하게 훼손하는 등 반복적으로 문제를 일으킬 경우에는 고양이의 시선이 닿지 않는 곳으로 옷이나 천을 치우는 수밖에 없습니다.

Q4. 고양이가 시도 때도 없이 시끄럽게 울어요.

A. 고양이가 눈만 뜨면 시끄럽게 야옹거리고 큰 소리로 불만을 토로하면 아무리 너그러운 집사더라도 금세 짜증이 날 수 밖에 없습니다. 사실 샴이나 벵골 같은 고양이들은 특별한 이유 없이 선천적으로 놀라울 정도로 시끄러운 소리로 우는 종으로 알려져 있습니다. 하지만 울지 말라고 체벌을 가하거나 소리를 질러 봐야 아무런 소용이 없기 때문에 다른 방식으로 보상해야 합니다. 고양이가 울지 않고 인내심을 갖고 앉아 있을 때에는 칭찬과 간식을 제공하거나 새로운 재주를 가르쳐서 다른 식으로 욕구를 해소하게끔 도와주어야 합니다. 하지만 평소와는 달리 갑자기 시끄럽게 울 경우에는 때에 따라서 심각한 부상이나 질병의 가능성도 있으니 동물 병원에 내원해서 진료를 받는 것이 좋습니다.

털과의 전쟁

"아이고, 힘들어! 소미야, 치워도 치워도 끝이 없어."
"헤헤, 미안해요! 주인님, 저도 어쩔 수가 없다고요!"

요즘 하루 일과 중에 제일 많은 시간을 차지하는 게 뭔 줄 알아?
바로 소미 털 치우기야.

환절기가 돼서 그런지 소미가 털갈이를 하고 있어. 어렸을 때 보송보
송했던 배냇털은 싹 다 빠지고, 이제 어여쁜 숙녀 고양이로 새로 태어
나는 중이지. 온 식구가 소미 털과 전쟁 중이야. 방문 뒤에도, 침대 밑
에도, 심지어 옷장 속에도 소미 털이 날려서 문을 꼭 닫아 놔야만 해.

소미랑 한번 놀아 주려면 각오를 단단히 해야 돼. 털이 잘 달라붙는
옷을 입고 소미를 안으면 도저히 감당이 안 되거든. 짧고 뾰족한 털이
옷감 사이사이에 꼬옥 박혀서 돌돌이 테이프로 아무리 떼어 내려고

해도 잘 안 떨어져. 그래서 난 아예 소미랑 놀 때 입는 전용 트레이닝복이 따로 있어. 그것만 입으면 만사 오케이야!

"에에, 에에, 에이취이이!"

특히 아빠는 소미 털 알레르기 때문에 연신 재채기를 하느라 더 고생이 많아. 요새 아빠는 퇴근 뒤에 마루에 있는 소파에 비스듬하게 드러누워서, 소미를 배에 올려놓은 채 뉴스 보는 걸 참 좋아해. 끊임없이 훌쩍거리면서도 소미를 포기 못하는 걸 보면 이제 어느 정도 미운정이 든 것 같아. 사실 아빠는 처음에 소미를 그렇게 좋아하지 않으셨거든. 고양이는 요물이라고, 특히 검은 고양이를 보면 부정을 탄다나 뭐라나. 죄다 미신인데 옛날 어른들은 왜 그런 말을 믿었는지 난 도통 이가 안돼.

소미를 가만히 보고 있으면 고양이는 참 깨끗한 동물이라는 생각이 들어. 온종일 틈만 나면 끊임없이 그루밍을 하거든. 일단 양쪽 앞발을 정성스럽게 핥은 다음 옆구리부터 엉덩이, 뒷다리까지 구석구석 빠진 데 없이 핥곤 해. 어떨 때 보면 고상한 의식을 치르는 것 마냥 경건하게 느껴지기도 해. 특히 요즘 들어 털갈이를 해서 그런지 더 열심히 그루밍을 하는데, 가끔씩 켁켁대다가 조그만 털뭉치를 토해 내곤 해. 처음 봤을 때는 깜짝 놀라서 동물 병원에 달려갔었어. 수의사 선생님이 헤어볼에 대해 친절하게 설명하셨고, 헤어볼 전용 간식이나 사료를 먹이는 예방법도 몇 가지 알려 주었어.

털이 많이 빠지는 고양이는 매일매일 수시로 빗질을 해 주는 게 좋대. 오래된 털을 솎아 내서 건강한 새 털이 올라오게 해 주고, 반질반질 윤이 나는 건강한 털을 가질 수 있도록 도와준다는 거야. 그리고 빗질을 자주 해 주면 고양이 스스로도 활동하기 편하고, 바닥에 빠지는 털을 줄일 수도 있대. 가끔씩 빗질하는 것만으로도 스트레스를 받

는 고양이가 있기 때문에 어릴 때부터 습관을 잘 들이는 것이 필요하다고 하셨어.

　아무래도 털과의 전쟁은 소미랑 함께 살아가려면 어쩔 수 없이 내야 하는 세금 같은 건가 봐. 소미가 우리에게 안겨 주는 기쁨과 즐거움이 훨씬 크니까 그 정도는 충분히 참을 수 있어.

　난 훌륭한 소미의 집사거든!

1 고양이의 털 관리

- 고양이는 대부분 세 종류의 털을 가지고 있습니다. 가장 바깥쪽에 있는 길고 거친 보호털(Guard hair)과 안쪽에 촘촘하게 나 있는 중간 길이의 까끄라기 털(Awn hair), 제일 안쪽의 부드럽고 짧은 솜털(Down hair)입니다. 털 관리를 정기적으로 해 줄 경우에는 집에서 고양이털이 날리는 문제를 최소화할 수 있고, 고양이를 더욱 우아하고 매력적으로 만들 수 있으며, 헤어볼 문제를 완화하거나 예방할 수 있습니다. 털을 관리해 줄 때에는 조용하고 폐쇄되어 있는 공간을 선택하여 가능한 짧은 시간 동안 빠르게 끝마치는 것이 좋습니다. 빗질은 언제나 머리 뒤쪽에서 꼬리쪽으로 털이 난 방향으로 빗어주는 것이 좋습니다. 오염 물질과 죽은 털을 제거하기 위해 만능 그루밍 장갑을 이용하는 것을 추천합니다.

- 품종과 털 상태에 따라 고양이에게 적합한 도구를 선택해야 합니다. 단모종인 경우에는 머리 모양이 평평하고 직사각형이며, 짧고 뻣뻣한 모가 촘촘하게 달린 소프트 슬리커 브러시나 살이 촘촘한 스테인리스 스틸 빗을 사용합니다. 반면 장모종의 경우에는 직사각형이며 머리 모양이 평평하고, 긴 모가 듬성듬성 나 있는 소프트 슬리커 브러시나 살 간격이 넓은 스테인리스 빗을 선택하는 것이 좋습니다.

2 고양이 그루밍

시원하다옹!

- 털에 붙은 먼지를 제거하기 위해서

- 먹이나 주인의 냄새를 지우기 위해서

- 정전기를 없애기 위해서

- 털에 발랐던 침이 마르면서 발생하는 기화열로 체온을 조절하기 위해서

- 고양이는 깨어있는 시간 중 약 1/3을 털을 핥아 대는데 소모한다고 합니다. 그루밍 절차는 종에 상관없이 거의 동일한데, 먼저 양쪽 앞발을 침으로 젖을 때까지 핥은 다음 그 앞발로 얼굴과 머리를 닦습니다. 그런 뒤에는 점차 몸통으로 내려가며 정성스럽게 핥다가 꼬리까지 마무리하게 됩니다. 물론 고양이들은 그루밍을 통해 스스로 털을 관리하긴 하지만 집사들이 규칙적으로 털을 빗어 주면 그만큼 고양이는 더 건강해질 수 있습니다.

3 고양이 헤어볼

고양이는 그루밍을 통해 스스로 몸을 핥아서 손질하는 습성이 있습니다. 하지만 너무 많은 털을 삼키게 되면 배 속에 털이 뭉쳐 헤어볼이 생길 수 있습니다. 건강한 고양이들은 주기적으로 헤어볼을 토해 내지만 가끔씩 헤어볼을 토해 내지 못하거나 장에서 흡수하지 못할 경우 위의 출입구를 막아 점막을 자극하고 구토나 식욕저하 등을 일으키는 모구증으로 발전할 수 있습니다. 그러므로 특히 장모종이나 털갈이 계절이 돌아올 경우 자주 브러싱을 해서 배 속에 들어가는 털의 양을 줄여주는 것이 좋습니다. 그 외, 페트롤리움이 주성분인 가벼운 설사제 효과를 일으켜 헤어볼이 위장 밖으로 쉽게 미끄러져 나올 수 있도록 한 과자나 제품을 이용하는 것도 좋습니다.

고양이의 털갈이

고양이는 정기적으로 이른 봄부터 털이 빠지기 시작해서 한여름까지 털갈이를 합니다. 털갈이 시기에는 평소보다 털이 훨씬 많이 빠지기 때문에 주기적인 브러싱을 통한 보호자의 세심한 털 관리가 필요합니다. 털 관리를 제대로 하지 못하면 안쪽으로 털이 엉키거나 그루밍을 통해 배 속에 털이 뭉치는 헤어볼이 생길 수 있습니다.

4 역사 속 고양이

- 현대 집고양이의 선조는 약 5000년 전의 아프리카 야생 고양이(Felis silvestris libyca)로 알려져 있습니다. 고대 이집트에서 고양이는 신앙의 대상으로서 벽화에 등장하거나 미라로 만들어 졌습니다. 당시 사람들은 곡식 창고에서 쥐로부터 곡식을 보호하기 위해 고양이를 사육하기 시작하였고, 시간이 많이 지나면서 무역선을 통해 유럽과 아시아 등 여러 지역으로 퍼지게 되었습니다. 하지만 중세 유럽에서는 고양이를 마녀의 상징으로 여겨 박해했던 적도 있습니다.

- 동양에서는 예로부터 비단 무역이 중시되던 중국과 일본에서 누에고치를 공격하는 쥐의 퇴치를 위해 고양이를 키웠는데, '오곡을 풍성하게 하는 동물'이라 불리며 귀하게 여겼습니다. 동남아시아에서는 경전을 갉아먹는 쥐들 때문에 주로 절에서 고양이를 길렀다고 전해지고, 태국의 고대 왕실 고양이로서 유명한 샴 고양이는 오직 왕족만이 기를 수 있었다고 합니다.

소미가 발정이 났어요!

"선생님, 선생님! 우리 소미가 이상해요!"

"아이고, 무슨 일이야? 숨 좀 돌리고 천천히 말해도 괜찮아요!"

"우리 소미가 밤에 잠을 잘 못자고 어린아이 같은 울음소리로 막 울고 바닥에 몸을 배배 꼬면서 막 비벼 대요! 그리고 엉덩이 쪽이 빨갛게 튀어 나왔어요! 혹시 우리 소미 어디 아픈 거 아니에요?"

"하하, 우리 사랑이 관찰력이 대단하네요! 호오, 그러고 보니까 소미가 꽤 많이 컸구나! 너무 걱정할 필요 없어요. 발정이 난 거에요."

갑자기 소미 행동이 많이 달라진 것 같아!

소미는 평소에 높은 창틀에 앉아 바깥 구경하는 걸 참 좋아하거든. 특히 햇볕이 좋은 날에는 식빵 자세를 한 채 한 시간이고 두 시간이고 물끄러미 바깥을 쳐다보고 있을 때가 많아. 도대체 뭐가 있길래 저러나 싶어 나도 몇 번 같이 창밖을 내다 본 적도 있어. 근데 별거 없더라고. 그냥 새 몇 마리 날아가고, 사람들 지나다니고, 자동차들이 슈웅, 하면서 지나가는 게 전부야. 근데 창문 밖 세상을 쳐다보는 소미의 눈을 가만히 들여다보면 아주 호기심이 가득해. 소미는 그 모든 것이 전부 궁금하고 재미있나 봐.

그랬던 소미가 이틀 전부터 뭔가 달라졌어. 창틀에 앉아 있지도 않고 이리 갔다, 저리 갔다 온종일 끊임없이 불안해하는 거야. 사료도 잘 안 먹고, 잠도 잘 못 자니깐 괜히 겁이 덜컥 났어. 그래서 아침에 동물병원이 문을 열자마자 뛰어 들어가서 수의사 선생님에게 물어본 거야.

"발정이란 단어는 수컷한테는 사용하지 않고 암컷들에게만 사용하는 말이에요. 암고양이는 보통 7~8개월 경부터 발정이 시작돼요. 대개 2주일 정도 발정 증상이 나타나는데, 소미가 지금 겪는 것과 같은 증상이 나타나죠. 강아지와는 달리 생리를 하면서 피가 나오지는 않아요. 그렇게 암고양이는 발정 증상이 지나가고 나서, 몇 주 뒤에 또 발정이 오는 걸 평생 동안 계속 반복하게 돼요. 심할 경우 1년에 20번까지 발정 증상을 겪는 아이들도 있어요. 사람은 나이가 들면 폐경이 오지만, 고양이는 그렇지 않기 때문에 사실상 엄청난 스트레스를 받는다고 할 수 있죠.

난 우리 소미가 너무 걱정돼서 선생님한테 또 물어봤어.

"그럼 우리 소미가 안 아프게 하려면 어떻게 해야 해요?"

"나중에 새끼를 낳을 계획이 없다면 중성화 수술을 하면 돼요. 소미 같은 암고양이는 발정기에 겪는 스트레스를 줄이고 유선종양이나 자궁축농증, 난소종양 같은 질병을 예방하기 위해서 중성화 수술을 해 줘야 돼요. 원치 않거나 무분별한 임신을 막아 건강한 고양이로 키우기 위해서도 꼭 필요한 수술이라고 할 수 있죠.

"아, 그렇구나! 그럼 중성화 수술은 언제 하는 게 좋아요?"

"일반적으로 첫 발정이 오기 전인 생후 6개월 전후에 하는 게 좋아요. 다른 생식기 질환을 예방하는 효과가 크거든요. 중성화 수술을 한 다음에는 호르몬과 영양소의 불균형이 나타나서 비만이 될 확률이 높아요. 적절한 운동과 식사량을 조절해서 뚱뚱한 고양이가 되지 않도록 관리하는 것이 꼭 필요해요."

여러 가지 주의 사항을 듣고 소미는 지금 나타난 발정 증상이 잠잠해진 뒤 중성화 수술을 하기로 결정했어. 수술 전날부터는 굶어야 된다고 해서 이번 주에는 소미한테 맛있는 음식을 많이 챙겨줄 생각이야.

소미가 힘든 수술 무사히 잘 견뎌 낼 수 있겠지? 소미야, 힘내!

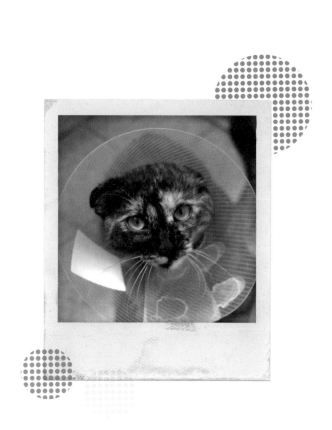

1 암고양이의 발정 증상

• 고양이는 계절성 다발정 동물로 신기하게도 교미할 때의 자극에 의해 배란이 되는 특징을 보입니다. 임신 기간은 대략 64~68일이고 강아지와는 달리 생리를 하지 않습니다. 이를 '무혈생리'라고 하는데 양이 적은 투명한 액체 성분을 고양이 스스로 핥아 버리는 경우가 많아 집사들이 잘 발견하지 못하기 때문입니다. 종종 임신 중에 발정이 오기고 하고 중복 임신도 가능합니다.

• 암고양이는 약 7~8개월 령에 발정이 시작되는데 종에 따라서 일찍 오거나 조금 늦는 경우도 있습니다. 대략 6~10일 정도의 발정기를 지속한 뒤 수일에서 수개월 사이의 휴지기를 거쳐 다시 발정기가 돌아오게 됩니다. 그래서 심하게는 1년에 20번 정도까지 발정기를 겪는 경우도 있습니다. 원래 암고양이는 낮 시간이 짧은 겨울에는 발정기가 오지 않는다는 것이 정설이었으나 최근에는 가로등이나 간판 불빛 등 인공 조명의 영향으로 1년 내내 발정을 겪게 되었습니다.

• 대표적인 암고양이의 발정 증상은 마치 사람 아기 울음소리처럼 높고 날카로운 소리로 우는 콜링(calling)이라는 행동입니다. 이는 근처에 있는 수고양이를 유인하는 소리로 알려져 있는데, 외부 생식기 쪽이 빨갛게 부풀고 분비물이 나와서 계속 핥는 행동을 합니다. 또한 사람이나 주변에 자꾸 몸을 비비고 꼬리 쪽을 만졌을 때 등을 둥글게 말거나(로도시스, Lordosis) 엉덩이를 바싹 치켜들기도 합니다(트레딩, Treading). 물론 개체마다 조금씩 차이는 있지만 전반적으로 스트레스를 심하게 받아 끊임없이 불안해 하거나 난폭해지는 경우도 있습니다.

2 수고양이의 발정 증상

수고양이는 발정이라는 증상은 따로 없지만 번식기의 암고양이만 있으면 언제든지 교미가 가능한 상태로 되어 있습니다. 대략 생후 7~8개월 령 성성숙기가 지나면 교배나 번식이 가능하게 되는데 이때 흔히 스프레이 행동이라고 해서, 이불이나 옷가지 같은 자신의 구역에 오줌을 여기저기 뿌리면서 영역을 표시합니다. 이 소변에서 나는 독특하고 강한 냄새는 다른 수컷에게는 자신의 영역에 들어오지 말라는 경고이고, 암컷에게는 짝짓기를 위해 유인하는 효과를 갖습니다. 또한 수고양이도 애교가 늘어나서 여기저기 비비고 다니거나 울면서 힘들어 하는 경우가 있습니다. 심하면 발정난 암컷을 찾아 가출을 시도하는 경우도 있고 암컷을 차지하기 위해 수컷들 사이에서 공격성을 보이기도 합니다.

3 고양이의 임신과 분만

- 암고양이의 발정기는 수고양이를 받아들일 수 있는 시기입니다. 암컷이 평소보다 과하게 애정을 표현하고 높은 목소리로 수컷을 부르게 되면 수컷은 재빨리 암컷의 등에 올라타 목 뒤를 가볍게 깨물면서 사정하게 됩니다. 수고양이의 성기 끝에는 암컷의 배란을 촉진시키는 역할을 하는 돌기가 달려 있는데 이 돌기가 암컷을 아프게 할 수 있습니다. 그렇기 때문에 수 고양이는 교미가 끝난 뒤 공격당하지 않기 위해 서둘러 자리를 뜨곤 합니다.

- 고양이의 임신 기간은 약 9주입니다. 임신 뒤 약 24~28일 경에는 초음파 검사를 통해 임신 여부를 확인할 수 있고 45일경부터는 엑스레이 검사를 통해 태아 수를 확인할 수 있습니다. 출산을 준비하기 위해서 출산 2주 전 부터는 새끼와 어미가 편히 쉴 수 있는 분만 상자를 마련해야 합니다. 신문지나 수건 등을 깔아 푹신하게 만들고, 따뜻하고 조용하며 어미에게 익숙한 장소에 놓아 두는 것이 좋습니다.

- 고양이는 대부분 사람의 도움 없이도 혼자서 새끼를 낳을 수 있습니다. 분만이 가까워지면 진통을 느낀 고양이는 스스로 분만 상자에 자리를 잡을 것입니다. 일단 새끼가 태어나면 어미는 태아를 감싸고 있는 막을 찢고 탯줄을 이빨로 끊어 낸 다음 열심히 새끼를 핥아서 호흡을 돕습니다. 그 뒤 함께 빠져 나온 태반을 먹어 치운 뒤 젖을 물립니다. 초유는 새끼 고양이들에게 특히 중요한 항체와 영양소를 다량 함유하고 있기 때문에 반드시 먹이는 것이 좋습니다.

우리 아기
예쁘지요?

4 새끼 고양이를 돌보는 방법

세상에 태어난 지 얼마 안 되는 새끼 고양이는 혼자서는 아무것도 할 수 없는 상태라고 볼 수 있습니다. 물론 어미가 돌보는 것이 가장 좋지만 상황에 따라 어쩔 수 없는 경우에는 사람이 곁에서 관리를 해 주어야만 합니다. 생후 1~3주 동안의 유아기 때는 4시간에 한 번씩 따뜻하게 데운 새끼 고양이 전용 우유나 분유를 젖병에 넣어서 먹입니다. 또한 식사 전후에는 미지근한 물을 적신 휴지나 거즈로 항문과 생식기 주변을 부드럽게 자극하여 배변과 배뇨 활동을 도와야 합니다. 생후 4~8주 동안의 이유기 때는 시판되는 이유식이나 새끼 고양이용 사료를 따뜻한 물에 불려 먹입니다. 매일 잘 자라고 있는지 몸무게를 측정해서 건강 상태를 확인하는 것이 필요합니다. 하루 기준으로 전날보다 약 10~30g 정도씩 몸무게가 증가하는 것이 정상입니다. 생후 9주령 이후부터는 서서히 새끼 고양이용 건사료에 적응시켜야 합니다. 활발하게 움직이고 기분이 좋은 날을 택하여 동물 병원을 방문하여 기본적인 건강 상태를 확인하고 예방 접종과 기생충 구제를 실시합니다.

5 높은 곳에 올라가 창밖을 보는 고양이 행동

• 수렵 생활을 해 온 습성이 남아 있어 본능적으로 위험을 빠르게 알아차릴 수 있는 높은 곳을 좋아합니다. 강한 고양이일수록 높은 자리를 차지하죠. 일반적으로 고양이들은 신체 구조상 올라가는 건 잘하지만 내려오는 건 서투르기 때문에 간혹 높은 곳에 올라갔다가 못 내려오는 경우도 있습니다.

• 창밖을 보는 행동은 마치 바깥세상을 동경하는 것처럼 보이지만 사실은 자신의 영역으로 침입자가 들어오지 못하도록 감시하는 것입니다. 고양이를 집 안에서만 살게 하는 것을 불쌍하다고 생각할 수도 있지만, 이것은 사람들의 편견입니다. 어렸을 때부터 집 안에서만 자라온 고양이에게 바깥세상은 교통사고나 다른 고양이들과의 영역 다툼, 실종 가능성 등이 널려 있는 위험천만한 곳일 뿐입니다. 하지만 한 번 밖에 나갔다 들어온 경험이 있는 경우에는 바깥세상도 자기의 영역이라고 인식해 자꾸 나가려고 할 수 있기 때문에 탈주 대책을 세워야 하며, 그래서 차라리 처음부터 내보내지 않는 것이 좋습니다.

중성화 수술을 받은 소미

"자, 소미한테 인사하고 밖에 있는 대기실에서 기다려 주세요."

"흑흑, 소미야! 기운 내. 잠깐이면 끝날 거야, 알았지? 우에에엥……."

"니야옹, 니야옹."

수술실에 들어가기 직전, 소미가 한없이 애처로운 눈빛으로 날 바라보며 구슬프게 울고 있어. 눈물방울이 눈가에 그렁그렁 맺혀 있어 가슴이 아파. 혹시라도 수술이 잘못되면 어쩌지? 마취가 잘 안 되서 수술 중간에 깨어나면 어쩌지? 통증이 심할 수도 있다던데……. 머릿속에 온갖 걱정들이 어지럽게 떠다니고 있어. 괜찮겠지? 정말로 괜찮겠지?

내가 안절부절못하고 있으니까 수의사 선생님이 다정하게 말해 주었어.

"너무 걱정 안 해도 돼요. 몸에 부담이 가는 큰 수술도 아니고, 마취 전 검사 결과를 보면 아주 건강한 상태라서 잘 견뎌 낼 수 있을 거예요. 소미보다 훨씬 어린 고양이들도 씩씩하게 수술 잘 받으니까 괜찮을 거예요! 자, 사랑이도 그만 뚝!"

"끅……. 끅……. 우리 소미 안 아프게 해 주세요! 제발요."

어제 저녁부터 소미는 아무것도 못 먹었어. 배고프다고 나한테 와서 연신 몸을 비벼대며 아양을 떨었지만 나도 어쩔 수 없었어. 음식을 먹으면 수술 중에 토할 수도 있고 응급한 상황이 벌어질 수도 있기 때문에 수술 12시간 전부터는 금식을 해야 된대. 수의사 선생님이 오늘 아침부터는 물도 마시면 안 된다고 그랬어.

소미가 오늘 받는 중성화 수술은 전신 마취를 한 다음에, 배를 열고 자궁이랑 난소를 제거하는 수술이래. 수컷 중성화 수술은 훨씬 간단하고 시간이 얼마 안 걸리는데, 소미는 암컷이라서 수술 시간도 길고 회복하는 데도 오래 걸린다고 해. 난 그저 수술을 무사히 마치기만을 기도하고 또 기도했어.

1시간 정도 지나자 수의사 선생님이 수술 모자랑 마스크를 쓴 채 밖으로 나왔어.

"휴우, 소미 수술 잘 끝났어요. 걱정 많이 했죠? 조금 있다가 마취에서 깨어나면 면회시켜 줄게요!"
"와아, 선생님! 감사합니다. 감사합니다."

난 나도 모르게 피가 잔뜩 묻어 있는 수의사 선생님 손을 붙잡고 마구 흔들어 댔어. 무섭단 생각은 하나도 안 들었어. 그저 무사히 수술을 해 준 선생님도, 잘 버텨 준 소미도 모두 다 고마웠거든.

소미는 곧 마취에서 깨어나 입원실로 옮겨졌어. 비스듬히 누워서 힘없이 야옹 하고 울고 있는 소미를 보니까 괜히 또 눈물이 찔끔 났어. 옆에서 오빠가 또 우냐며 울보라고 놀려 댔지만, 엄마가 이건 슬퍼서 우는 게 아니라 기뻐서 우는 거니까 괜찮다고 했어. 소미는 이틀 동안 병원에 입원해야 한대. 빨리 소미가 건강해져서 다시 우리 가족 품으로 돌아왔으면 좋겠어.

1 암고양이의 중성화 수술

중성화 수술은 암고양이에게는 발정기에 겪는 스트레스를 해소시켜 주고 고양이에게 세 번째로 많이 발생하는 암인 유선종양을 예방하는 효과가 있습니다. 또한 자궁축농증이나 자궁암, 난소암 등의 생식기 질환을 예방할 수도 있습니다. 당연히 원치 않는 임신이나 무분별한 번식을 막기 위해서도 필요한 수술입니다.

2 수고양이의 중성화 수술

수고양이에게 중성화 수술을 시키면 스트레스의 감소, 평균 수명의 증가, 고환 종양 등 생식기 관련 질병을 예방하는 효과를 얻을 수 있습니다. 또한 암컷을 차지하기 위해 벌이는 치열한 싸움으로 인한 상처 걱정을 덜 수 있고 영역 표시를 위한 스프레이 행동을 줄일 수 있습니다.

3 중성화 수술 뒤 관리법

고양이 중성화 수술의 시기는 성성숙 시기가 오기 전 생후 6개월령 전후에 시키는 것이 좋습니다. 그 이유는 유선종양이나 다른 생식기 질환을 예방하는 효과가 좋기 때문입니다. 중성화 수술 뒤에는 호르몬 불균형과 활동량의 변화로 인해 체중이 늘어날 가능성이 높습니다. 고양이 비만은 5세 이후에 당뇨병, 심부전, 지방간 등의 질환으로 이어지기 쉽기 때문에 적절한 운동과 식사량 조절로 비만이 되지 않도록 관리해야 합니다.

목욕시키기 대소동

"소미야, 소미야! 어디 있니?"

아침부터 소미가 보이지 않아서 한참을 찾아다녔어. 구석구석 소미가 숨어 있을 만한 곳을 샅샅이 뒤지다가 결국 발견한 장소는 오빠 방 침대 밑. 오빠가 벗어 놓은 냄새 나는 양말 한 짝을 물고 먼지 구덩이 속에 들어가서 신나게 뒹굴었나 봐. 온몸에 시커먼 먼지를 뒤집어써서 마치 나무 위에 사는 송충이 같이 변해 버린 거 있지. 웃을 수도 없고 울 수도 없고 해서 큰마음 먹고 목욕시키기에 도전했어.

쉽지 않은 일이 될 것 같아 마음의 준비를 단단히 했어. 소미는 어렸을 때부터 물을 별로 안 좋아했거든. 요즘 들어 덩치도 많이 커지고 힘도 엄청 세진 것 같아. 혹시나 발톱을 세워서 할퀼 수도 있기 때문에 일단 살살 달래가면서 발톱을 깎았어. 꽤 오랫동안 안 깎아 줬더니 많이 길었더라고.

그러고 나서 욕실에 들어가 창문을 단단히 잠그고 따뜻한 물을 준비했어. 참고로 고양이의 체온은 사람보다 1도 정도 높고 감기에 걸릴 가능성이 있기 때문에, 약간은 뜨겁다 싶을 정도로 온도를 맞추는 게 좋아. 고양이 전용 샴푸랑 몸을 닦을 수건까지 모든 준비를 마친 뒤 소미를 데리고 욕실에 들어왔어. 눈치 빠른 소미는 벌써부터 잔뜩 긴장하고 있네.

드디어 목욕 시작!

'놓치면 끝장이다!'라는 각오로 혹시 모를 사고에 대비한 채 일단 조금씩 몸에 물을 묻히기 시작했어. 버둥거리긴 했지만 완전 어릴 때 보다는 물을 덜 무서워하는 것 같아 조금은 마음이 놓였어. 마치 물에 빠진 생쥐처럼 흠뻑 젖어 풍성하던 털들이 온몸에 착 달라붙은 소미의 모습이 어찌나 귀엽던지. 얼굴이나 귓속으로 물이 들어가지 않도록 각별히 조심하면서 샴푸로 몸에 거품을 내고 따뜻한 물로 꼼꼼히 헹궈 줬어. 수건으로 몸을 여러 번 닦고 뽀송뽀송하게 말리기 위해 헤어드라이어의 스위치를 올린 순간……,

"캬오오오오!"
"꺄아아악, 소미야! 아파!"

순간적으로 헤어드라이어의 시끄러운 소리에 깜짝 놀란 소미는 자기도 모르게 내 두 번째 손가락을 힘껏 깨물고 탈출해 버렸어. 의외

로 잘 참는 모습에 그만 긴장이 풀렸었나 봐. 내 비명에 깜짝 놀라 달려온 엄마는 피가 뚝뚝 떨어지는 내 손가락을 수건으로 칭칭 감싸 쥔 채 동네에 있는 병원 응급실로 달려갔어. 의사 선생님은 그렇게 심하게 물린 건 아니라며 간단한 소독 처치를 해 준 뒤, 혹시 모를 가능성에 대비해서 파상풍 주사와 일주일치 약을 처방해 주었어.

집에 돌아올 때까지도 나는 너무 놀라서 눈물만 뚝뚝 떨어뜨리고 있었어. 그런데 놀란 건 소미도 마찬가지였나 봐. 돌아와 보니 소미가 내 방 침대 한쪽 구석에 깊숙이 틀어박혀서 벌벌 떨고 있는 거야. 마음 한편으로는 소미가 밉기도 했지만 그 모습을 보니 괜히 안쓰럽고 걱정이 되는 거야.

"소미야, 이젠 괜찮아. 많이 놀랐지? 이리 와, 언니가 안아 줄게."
"니야오옹……."

한참을 어르고 달래자 그제야 소미는 조금씩 경계를 풀고 내게 다가왔어. 눈망울에 미안한 마음을 가득 담은 채 아픈 내 손가락을 할짝할짝 핥으며 애교를 부리는 너를 어떻게 미워할 수 있겠니? 난 말없이 소미를 꼬옥 껴안았어.

나중에 알고 보니 고양이는 스스로 그루밍을 해서 몸을 깨끗이 하고, 특히 소미처럼 털이 짧은 고양이는 굳이 목욕을 자주 시킬 필요가 없대. 솔직히 말하면 나도 한동안은 소미를 목욕시킬 용기가 안 날 것

같아. 할 수 없지 뭐. 그냥 까다로운 우리 소미 비위만 잘 맞추면서 건
강하고 행복한 집사로 남는 게 서로서로 좋을 것 같아.

목욕시키기 대작전 끝!

1 고양이 발톱 깎기

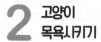

고양이는 대체로 발톱 깎는 것을 싫어하거나 무서워합니다. 보호자와 고양이 모두 편안한 상태에서 발톱을 깎을 수 있도록 하고 너무 싫어할 경우에는 무리하지 말고 몇 번씩 나눠서 시도하는 것이 좋습니다. 발바닥을 살짝 눌러 발톱을 노출시킨 뒤 고양이용 손톱깎이로 발톱 끝을 자릅니다. 분홍빛이 도는 부분부터는 혈관이므로 약간 여유를 두고 잘라야 하며 혹시 피가 날 경우 당황하지 말고 거즈로 압박해서 지혈합니다. 발톱을 모두 깎은 뒤에는 반드시 간식으로 보상을 해 주어서 즐거운 행위로 인식하도록 해야 합니다.

2 고양이 목욕시키기

오래전부터 사막에서 생활해 온 고양이는 털이 물에 젖는 것을 대체로 싫어합니다. 옴짝달싹 못한 채 시끄러운 샤워기 소리와 헤어드라이어 소리에 스트레스를 받으면 목욕 자체를 거부하는 경우도 있습니다. 처음에는 목욕하는 시늉만 해서 조금씩 적응하는 시간을 갖는 것이 필요하며, 다소 기름진 고양이 털에 사용할 수 있는 고양이 전용 샴푸를 사용하는 것이 좋습니다. 또한 목욕 뒤에는 수분이 마르면서 체온이 떨어져 감기에 걸리기 쉽기 때문에 따뜻한 물 온도와 철저한 건조에 각별히 신경을 써야 합니다. 목욕이 반드시 필요하다면 필요한 물품을 미리 준비해서 가능한 신속하게 목욕을 끝마치는 게 좋습니다.

고양이 스트레칭

고양이들은 잠에서 깨어나면서 습관적으로 온몸을 쭈욱 피고 하품을 하는 행동을 합니다. 이러한 행동은 수면 중 부족했던 산소를 뇌에 공급하고 온몸 구석구석에 산소를 보내는 행위라고 할 수 있습니다.

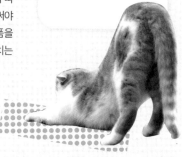

3 고양이한테 물렸을 때 응급 처치 방법

• 고양이에게 할큄을 당하거나 물렸을 때에는 놀라고 아프더라도 당황하지 말고 조용히 자리를 뜨는 것이 좋습니다. 아프다고 팔다리를 휘두르며 소리를 지르면 고양이에게는 자극적으로 작용해서 앞으로도 계속 손가락을 물고 부추기는 의미가 될 수도 있습니다.

• 고양이의 깨무는 행동을 방지하기 위해서는 어렸을 때부터 손이나 발로 장난을 걸기 보다는 깃털이 달린 막대 장난감을 이용하고, 자꾸 물려고 하면 무관심하게 쓱 밀어 버리는 훈련이 필요합니다. 그러면 고양이는 더 이상 사냥으로서의 놀이의 의미가 없어지기 때문에 깨무는 행동을 멈추게 됩니다. 또한 고양이에게 적절한 방식으로 사냥할 기회를 제공하는 방법도 있습니다. 사료를 밥그릇에 주는 대신 방 이곳저곳에 조금씩 놓아 고양이의 추적 본능을 자극시켜 사냥을 유도하는 것입니다. 반면 물리적인 체벌은 신뢰 관계만 깨지므로 절대 금물입니다.

귀엽다고
방심하지
말라냥!

소미가 가출했어요!

기분이 묘한 아침이야.

언젠가부터 아침에 해가 떠오를 무렵이 되면, 귓가에 소미의 "니야옹." 하는 소리가 들리기 시작했어. 가끔씩 내가 꾸물거리면서 못 일어나는 경우도 있는데, 그럴 때면 여지없이 소미는 머리카락을 물고 뜯거나 내 얼굴을 할짝할짝 핥곤 해. 고양이 혀 특유의 까끌까끌한 느낌과 사랑스럽기 그지없는 소미의 모습에 난 매번 항복을 외칠 수밖에 없어. 배고프다고 밥 달라는 신호거든. 그래서 보통은 눈도 다 못 뜬 상태로 부스스하게 일어나 소미의 밥그릇에 사료를 듬뿍 붓는 걸로 난 하루를 시작하곤 하지.

그런데 오늘 아침은 뭔가 좀 달랐어. 이상하게도 나를 깨우러 오는 소미의 울음소리가 안 들렸거든. 사실은 어젯밤, 소미가 또 내 손등을 잘근잘근 깨물어서 그러지 말라고 단단히 혼을 냈어. 그랬더니 금세

토라져서는 저녁 내내 조용히 있길래, 이번에는 제대로 반성도 시킬 겸 모른 척하고 가만히 놔뒀어. 그런데 오전 내내 소미가 보이질 않는 거야.

"소미야, 소미야, 어디 있니?"

오후가 돼서 슬슬 걱정이 되기 시작한 나는 소미를 찾아 나섰어. 침대 밑에도 없고, 화장실에도 없고, 혹시나 싶어서 다용도실이랑 옷장 문까지 다 열어 봤는데 소미를 찾을 수가 없었어.

갑자기 소미가 사라져 버렸어.

여러 가지 무서운 생각이 들기 시작한 나는 당황해서 울기 시작했어.

"흑흑, 소미야, 어디에 있니? 응? 언니가 잘못했어! 어서 나와, 응?"
"사랑아! 왜 울어? 무슨 일이야?"
"엄마, 소미가 없어졌어! 내가 어젯밤에 혼내서 도망갔나 봐, 엉엉."

집안이 발칵 뒤집혔어. 엄마랑 아빠도 진짜로 소미가 없어졌단 걸 깨닫고 슬리퍼 바람으로 온 아파트 단지를 구석구석 살펴봤지만 소미는 보이지 않았어. 학원에서 늦게 돌아온 오빠마저도 소식을 듣고 밖으로 뛰쳐나가, 이미 깜깜해진 온 동네를 샅샅이 뒤져 봤지만 헛수고였어. 밤늦게 집으로 돌아온 우리 가족 모두는 결국 소미가 없어졌다는 사실을 인정할 수 밖에 없었어.

　밤새도록 한숨 못자고 소미를 기다려봤지만 소미는 돌아오지 않았
어. 날이 밝자마자 아빠를 졸라 소미의 사진과 특징, 우리 집 주소, 전
화번호, 사례금까지 꼼꼼하게 적은 전단지를 만들어 동네 근처 잘 보
이는 곳마다 빠짐없이 붙였어. 주변 동물 병원과 애완동물 용품점에
있는 게시판에도 전단지를 전부 붙이고, 온종일 소미를 찾아다녔어.
전단지를 받은 사람이 너무 걱정하지 말라고, 꼭 찾을 수 있을 거라고
했지만 내겐 그다지 위로가 안 되었어.

　땅거미가 질 무렵, 온종일 울다가 완전히 지쳐 버린 상태로 터덜터
덜 집으로 돌아왔어. 모든 게 내 잘못 같았어. 내가 소미를 그렇게 무
섭게 혼내는 게 아니었는데……. 평소에 좀 더 자주 놀아 주고, 맛있
는 간식도 많이 줄 걸……. 생각하면 할수록 수만 가지 후회로 머리
가 꽉 찼어.

"니야옹."

　힘없이 현관문을 열고 집에 들어가려던 그때, 갑자기 어디선가 조그
맣게 고양이의 울음소리가 들려왔어. 깜짝 놀랐지만 혹시나 잘못 들
었나 싶어 가만히 귀를 기울였더니, 또 다시 울음소리가 들리는 거야.
미친 듯이 1층까지 계단을 뛰어 내려갔어. 서둘러 울음소리를 따라가
보니 예전에 소미를 처음 만났던 아빠의 자동차 뒷바퀴 옆에서 소미

가 구슬프게 울고 있었어.

"소미야, 소미야, 언니가 잘못했어! 미안해."
"니야옹, 니야옹."

소미를 끌어안고 난 또다시 눈물을 왈칵 쏟았어. 꼬박 이틀 만에 돌아온 소미는 어디를 그렇게 쏘다녔는지 많이 지쳐 보였어. 작은 나뭇잎이 온몸에 잔뜩 붙어 있었고, 발바닥도 시커먼 흙으로 많이 더러워져 있었어. 배도 많이 고팠나 봐. 사료를 참치에 비벼 따뜻하게 데워 줬더니 코를 박고 허겁지겁 먹기 시작했어. 따뜻한 물에 적신 행주로 지저분한 온몸을 닦아 주니 기분 좋게 그르렁 소리를 냈어. 아빠도, 엄마도, 오빠도 집으로 돌아온 소미를 보고 눈시울을 붉혔어.

다시 집안에 따뜻한 활기가 가득차기 시작했어. 소미는 역시 우리 가족의 보물이었던 게 틀림없어.

Doctor's Talk

11

1 고양이랑 놀아 주기

고양이는 육식 동물이자 사냥꾼 기질을 가지고 있기 때문에 순발력은 뛰어나지만 지속력이 부족하여 장시간 격렬한 움직임을 계속할 수는 없습니다. 놀이 시간은 15분 이내로 하고 하루에 1~2회 정도 규칙적으로 놀아 주면 됩니다. 놀이가 일과가 되면 오히려 고양이가 장난감을 입에 물고 오거나 애교를 부리며 놀아 달라고 보채기도 합니다. 고양이와 자주 놀면서 고양이의 스트레스를 줄이고 보호자와의 교감을 형성할 수 있는 방법을 찾아내는 것이 바로 길들이기의 핵심이라고 할 수 있습니다.

놀자옹!

2 고양이의 그르렁 소리

고양잇과 동물이 내는 특유의 소리로서 '퍼링'이라고 부릅니다. 만족감을 느낄 때나 어미 고양이가 수유를 위해서 아기 고양이를 유도할 때, 또는 심하게 아플 때에도 이런 소리를 내곤 합니다. 정확한 메커니즘은 밝혀지지 않았지만 성대가 아닌 가성대에서 내는 소리로 골골 또는 그르렁 같은 소리로 나타납니다. 주파수 20~50헤르츠의 저주파로 골밀도와 자연 치유력이 높아지는 힐링 효과를 가지고 있다고 알려져 있습니다.

기분 좋다옹!

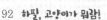

3 고양이 응급 처치 방법 ABC

일단 고양이가 부상을 입었을 경우에는 당황하지 말고 고양이가 공포를 느끼지 않도록 안정시키는 것이 중요합니다. 출혈이 심하거나 깊은 상처가 생겼을 때에는 감염의 우려가 있기 때문에 직접 만지지 말고 최대한 빨리 동물 병원에 내원하는 것이 좋습니다. 호흡 정지, 심정지, 경련이 일어났을 때에는 당황하지 말고 즉시 동물 병원에 전화를 해서 수의사의 지시에 따라야 합니다. 이물질을 삼켰을 경우에는 구토를 통해 토해 내거나 개복 수술이 필요할 수도 있기 때문에 어떤 물건을 삼켰는지 확인해서 병원에 내원하는 것이 좋습니다. 사람이 사용하는 약은 고양이에게 치명적인 부작용을 일으키는 경우가 많기 때문에 절대로 삼가야 합니다.

4 고양이를 위한 가정용 구급상자

구비해야 하는 물품   솜붕대, 탄력붕대, 라텍스 장갑, 거즈, 두꺼운 장갑, 아이스팩, 가위, 3% 과산화수소 용액, 베타딘 용액, 체온계, 경구 투여용 주사기, 커다란 수건

• 예방 접종 수첩, 기생충 구제 기록, 진료 기록, 의약품 복용 목록, 혈액 검사 내역, 병력 기록 같은 서류를 함께 보관해 두는 것이 좋습니다.

엄마를 찾아 떠난 소미

며칠 동안 날이 참 더웠어요.

가만히 있어도 발바닥에 땀이 송골송골 맺힐 만큼 후덥지근한 날씨가 이어지고 있어요. 밤새도록 계속된 무더위를 피해 아침 일찍부터 탁자 옆 시원한 바닥에 배를 깔고 있는데, 어디에선가 좋은 냄새가 나네요. 꼬들꼬들 말려 놓은 생선 대가리 냄새? 내가 세상에서 제일 좋아하는 천하장사 소시지 냄새? 코끝을 스치는 냄새만으로도 군침이 꿀꺽 넘어갈 정도예요.

나도 모르게 정체 모를 냄새에 이끌려 따라가요. 거실을 지나 주인님 방으로 향했어요. 주인님은 아직도 쿨쿨 잠들어 있네요. 맛있는 냄새는 침대 위 작은 창문 틈에서 나는 것만 같아요. 창문턱에 훌쩍 뛰어올라 보니, 어라? 평소에는 투명한 무엇인가로 막혀 있던 곳이 빼꼼 열려 있네요. 간당간당하지만 잘하면 빠져나갈 수도 있을 것 같다고 두 번째 수염이 신호를 보내 줬어요. 한참 동안 고민했지만 도저히 냄새의 유혹을 떨쳐버릴 수가 없어, 무작정 머리부터 밀어 넣었어요. 그동안 편하게 잘 먹어서 그런지 살이 많이 쪘나 봐요. 한참을 틈바구니에 끼어 버둥거리며 몸부림친 끝에 결국 탈출에 성공했어요.

무작정 냄새를 따라 긴 통로를 달렸어요. 예상이 맞았네요. 건너 건너 옆집에서 맛있는 고등어를 굽고 있나 봐요. 현관문 틈 사이를 비집고 나오는 아찔한 냄새가 코를 간질거리네요. 그렇게 냄새에 흠뻑 취해 한참을 문 앞에서 서성이던 중, 어디선가 들려온 커다란 발자국 소리에 깜짝 놀라 끝없이 이어진 계단을 따라 도망갔어요.

"우아!"

무작정 정신없이 뛰다 보니, 갑자기 눈앞에 새로운 세상의 풍경이 펼쳐졌어요. 싱그러운 향기를 가득 머금은 나무들과 사방에서 시끄럽게 들려오는 풀벌레 소리, 무성하게 자란 새파란 풀숲과 낮잠 자기 딱 좋을 만큼 따뜻하게 달궈진 바위까지…….

그런데 갑자기 기분이 이상해졌어요. 분명히 처음 보는 광경인데 전혀 낯설지가 않아요. 마치 그동안 기억 저편에 곱게 묻어 뒀던 무엇인가가 솟아오르는 느낌이에요. 그 순간 머릿속에 전류가 통하듯 '팟' 하고 어떤 생각이 떠올랐어요.

"그래! 난 엄마와 함께 있었어."

　나도 모르게 그저 발길이 인도하는 대로 무작정 달렸어요. 어느새
많이 커 버린 풀숲을 지나, 낮잠 자느라 엄마를 놓쳐 버렸던 작은 바
위를 지나, 무성한 가지가 드리워진 고목나무를 지나, 희미하게 엄마
냄새가 나는 방향을 향해 전력 질주를 했어요. 엄마는 나를 잊지 않

았겠죠? 그때와 변함없이 정성스럽게 내 몸을 골고루 핥아 주겠죠? 언니 오빠들도 함께 나를 기다리고 있겠죠? 달려갈수록 점점 냄새가 진하게 느껴지네요. 이제 조금만 더 가면 돼요. 저기 멀리 보이는 나무 그루터기만 넘으면 엄마를 만날 수 있어요. 아, 엄마의 모습이 보여요! 그런데 엄마와 만나기 직전 난 발걸음을 멈출 수밖에 없었어요.

엄마는 누군가와 함께 있네요. 예전에 엄마와 헤어졌을 때의 나보다도 훨씬 더 작은 아이들이에요. 다섯 마리가 오물오물 서로 몸을 맞대고 열심히 엄마 젖을 빨고 있어요. 엄마는 그런 아기들이 너무나 사랑스러운가 봐요. 다섯 아이들 모두 골고루 돌아가며 끊임없이 핥아주고 있네요. 아이들은 기분이 좋아 보여요. 실컷 젖을 빨고 잔뜩 배부른 아이들은 금세 새근새근 잠이 들어 버렸어요. 예전에 내가 꿨던 꿈을 똑같이 꾸고 있겠죠? 언제까지나 영원히 엄마와 함께 하리란 그 꿈을…….

언니 오빠들이 보이지 않네요. 아마도 제각각 살길을 찾아 뿔뿔이 떠나갔겠죠? 부디 밥 굶지 않고, 자동차 조심하고, 다들 건강하게 잘 살고 있길 진심으로 바라요.

더 이상은 엄마한테 다가갈 용기가 없어요. 엄마와 엄마의 새로운 아기들이 너무나 행복해 보였거든요. 솔직히 지금 만나면 엄마는 날 못 알아볼지도 몰라요. 그동안 많은 시간이 흘렀고, 난 꽤 많이 달라졌을 거예요. 갑자기 정신이 번쩍 들었어요. 나의 사랑스러운 주인님이 너무 보고 싶어요. 차마 쉽게 떨어지진 않지만 발길을 돌릴 수밖에 없어요. 아마 다시 엄마를 찾아오는 일은 없을 거예요.

왜냐하면…… 내게도 새로운 가족이 있으니까요.

1 고양이 수염의 비밀

고양이의 수염은 입 양쪽에 각각 12개씩 자리 잡고 있고 몸에 난 털보다 2배나 굵고, 3배가량 깊게 박혀 있으며 중요한 센서 역할을 합니다. 거리, 깊이, 폭을 측정해서 좁은 공간을 통과할 수 있게 도와주고, 높은 곳에서 평형 감각을 유지하는 데 도움을 주며 공기의 진동을 느끼면서 다른 생명체의 움직임을 파악할 수 있습니다.

고양이도 땀을 흘리나요?

고양이도 더울 때 땀을 흘리긴 합니다. 하지만 몸에는 땀샘이 없고 발바닥의 볼록살 부분에만 땀샘이 존재합니다. 이 부위에 습기가 차는 형태로 땀을 배출하고 때로는 헐떡임(panting)을 통해 열을 발산하여 체온을 조절합니다.

2 고양이 귀 사용하기

귀의 앞쪽이 바깥쪽으로 향할 때	긴장이 풀린 기분 좋은 상태
쫑긋 세울 때	신경에 거슬리는 소리가 들렸을 때
뒤쪽으로 바짝 당겨 아래로 향할 때	전투태세 돌입, 흥분 상태
움찔움찔 움직이거나 빙글빙글 돌림	주위의 정보를 수집하거나 탐색 중
계속 뒤로 기울이고 있음	기분이 별로 안 좋아요.

3 야콥슨 기관과 플레멘 반응

가끔씩 고양이는 강하고 자극적인 냄새를 맡았을 때 입을 벌리고 놀란 듯한 표정을 짓습니다. 이는 입천장에 관으로 연결되어 있는 야콥슨 기관이라는 수용기를 통해 화학적인 신호를 감지할 수 있기 때문입니다. 또한 입술을 말아 올려 놀란 것처럼 보이는 표정을 짓는 것을 플레멘 반응이라고 합니다.

4 어미 고양이와 새끼 고양이의 재회

사실 고양이는 기본적으로 가족이나 무리를 만들지 않고 단독 생활을 하는 동물입니다. 그래서 오랜 기간 동안 떨어져 있던 새끼를 오랜간만에 만나는 경우에는 자신의 영역을 침범한 적이라고 간주해서 위협하거나 공격하는 행동을 보이기도 합니다. 사람이 생각하는 가족이나 모자 관계는 고양이에게는 해당되지 않습니다.

우리 소미가 우울해요

소미가 집을 나갔다 돌아온 지 벌써 한 달이 지났어. 나갔다 온 고양이는 또 나갈 수 있다는 이야기를 들은 적이 있어서 걱정이야. 우선 가족들이 총 출동해서 문단속을 하기로 했어. 혹시나 싶어 소미가 열 수 있는 가능성이 있는 창문들을 꽁꽁 테이핑했고, 방충망들도 구석구석 죄다 점검해서 그야말로 물샐틈없이 만들었어. 아빠는 그래도 걱정이 되었는지 현관문에 이중 방범 문까지 설치하였어.

엄마는 소미만을 위한 특제 수제 간식을 만드는 일에 도전하였어. 닭가슴살, 단호박, 연어 등을 함께 갈아 오븐에서 건조하면 소미만을 위한 특별한 간식을 만들 수 있어. 사람이 먹는 음식은 대체로 고양이한테는 너무 짜고, 독성이 있을 수도 있기 때문에 되도록 안 주는 게 좋대. 그나마 엄마가 만든 수제 간식을 소미가 좋아해서 다행이야.

문제는 소미야. 밖에 나갔다 돌아온 뒤로는 부쩍 외로워하는 것 같아. 평소와는 달리 밤중에 우다다도 별로 안 하고, 식욕도 예전보다는 많이 떨어진 것 같아. 낮 시간은 대부분 창문턱에 앉아 바깥만 멍하니 바라보고 있어. 그렇게 좋아하던 낚싯대나 어묵 꼬치 장난감으로 놀아 주려고 해도 영 반응이 시큰둥해. 도대체 밖에 나갔을 때 무슨 일이 있었던 걸까? 나로서는 도저히 알 수가 없어서 답답할 뿐이야. 이럴 때는 고양이랑 말할 수 있는 기계가 있으면 좋을 텐데! 하는 생각도 들었어.

며칠 동안 계속 소미의 상태가 나아질 기미가 안 보여서 동물 병원을 찾아갔어.

"호오, 아무래도 소미한테 우울증이 온 것 같네요. 사람처럼 고양이도 우울증에 걸릴 수 있어요. 그나마 고양이는 강아지와는 달리 독립성이 강해서 분리 불안이나 애정 결핍 같은 증상은 좀 덜한 편이에요. 하지만 여러 가지 원인들 때문에 감정적으로 우울한 상태가 지속될 경우에는 식욕이나 활력이 떨어지고 스스로 그루밍을 하지 않아 털 상태가 엉망이 되는 경우도 있어요."

"선생님, 그러면 어떻게 해야 돼요?"

"흐음, 우울증이 왜 왔는지 그 원인을 찾아 해결해 주는 것이 가장 좋겠죠."

"그런데 왜 우울해 하는지 이유를 모르겠어요."

"그러면 우선 소미한테 시간을 좀 주세요. 사람과 마찬가지로 고양이도 시간이 지나면 자연스럽게 원래대로 돌아오기도 하거든요. 그 다음에는 가장 좋아하는 것들 위주로 기분 전환을 시켜 주세요. 간식도

좋고, 장난감도 좋고, 활력을 찾아 주기 위해서 캣닢 등을 이용하는 것
도 좋겠죠. 때로는 외로움이 원인이 될 수도 있기 때문에 친구를 만들
어 주는 것도 좋은 방법이 될 수 있어요."

"아하, 그렇구나!"

　마침 반에서 제일 친한 친구인 지윤이가 얼마 전에 예쁜 말티즈 강
아지를 한 마리 입양했다고 들었거든. 이제 겨우 네 달이 조금 넘은
새끼 강아지야. 혹시나 싶어서 지윤이한테 도움을 요청했더니 바로 강
아지와 함께 왔지 뭐야. 강아지 이름은 해피야. 처음 해피가 집에 발을
들여놓은 순간에는 소미가 눈에 보일 정도로 긴장을 했어. 조심스럽게
접근해서 킁킁 냄새를 맡더니 캭캭대면서 경계하더라고. 그런데 해피
가 자기보다도 어리고 귀엽게 보였는지 금세 친해졌어. 과연 고양이랑
강아지가 친해질 수 있을까 걱정도 많이 했는데 의외로 장난도 잘 치
고 사이좋게 지내는 것 같아.

　며칠 동안 해피가 집에 놀러 와서 소미랑 놀아 준 다음부터 소미의
상태가 눈에 띄게 좋아졌어. 아무래도 소미의 우울증은 외로움이 원
인이었던 것 같아. 아무리 사람이 예뻐해 주고 같이 놀아 줘도 같은
또래 친구들과의 끈끈한 우정 같은 알 수 없는 감정들이 있나 봐. 앞
으로는 소미한테 여러 가지 다양한 경험을 쌓게 하고 싶어. 다시는 우
울증이 얼씬도 못하게 말이야.

1 고양이에게 올바른 사료 선택하기

시판되고 있는 고양이 사료는 각기 다른 원료와 방식으로 제조하기 때문에 여러 가지 사료를 잘 비교해서 최적의 사료를 선택해야 합니다. 육식 동물인 고양이를 위해서는 주재료가 닭고기, 연어, 쇠고기 등 단백질인지를 확인해야 하며 믿을 수 있는 제조사에서 생산한 것이 좋습니다. 또한 라벨을 꼼꼼히 체크해서 영양소 균형이 잘 잡혀 있는 제품을 선택하고 고양이의 연령대에 맞는 사료를 선택해야 합니다. 품질이 좋은 제품에는 AAFCO(Association of American Feed Control Officials, 미국 사료검사관 협회)의 고양이 사료 기준에 부합한다는 문구가 적혀 있습니다. 반면 건강에 해가 될 수 있는 인공색소나 향료, 화학보존료를 사용한 사료는 피하는 것이 좋습니다.

2 고양이 간식

고양이의 간식 섭취량은 1일 섭취량 중 10%를 넘어서는 안 되고, 1일 칼로리 섭취량의 20~25%로 제한해야 합니다. 가끔씩 고양이에게 참치 통조림이나 스테이크 등을 조금씩 주는 것은 무방하지만 익히지 않은 생선이나 생고기는 위장 장애를 일으킬 수 있기 때문에 주지 않는 것이 좋습니다. 달걀의 경우에는 살모넬라 균에 감염되어 구토, 설사, 탈수, 췌장염 등을 일으킬 수 있으므로 주의해야 합니다. 온종일 집에서 혼자 있는 고양이에게 미안해서 무분별하게 간식을 주는 것 보다는 단 10분이라도 함께 놀아 주는 것이 더 좋습니다.

캣그라스

고양이가 좋아하는 볏과 식물로서 소화되지 않고 위장을 자극하여 배 속에 쌓여 있는 헤어볼을 토하게 하는 역할을 합니다.

더 달라옹!

3 고양이 편식

> 먹기 싫다냥!

• 고양이는 야생에서 생활할 때 곤충이나 작은 동물을 사냥해 필요한 영양분을 채웠습니다. 그러나 매일 같은 시간에 만족할 만한 먹이가 마치 준비되었다는 듯 채워질 수는 없었겠지요. 사냥이 잘 된 날은 한꺼번에 다 먹지도 못할 만큼 풍족한 식탁이 차려졌다가도, 어떤 날은 온종일 쫄쫄 굶었을 거예요. 이런 야생의 환경에 적응하기 위해, 고양이는 배가 고플 때마다 조금씩 먹이를 아껴 먹는 습성이 생겼습니다. 배가 고플 때마다 먹이를 나누어 겨우 허기를 면할 정도만 먹이를 먹는 것입니다. 이런 습관을 니블링(nibbling)이라고 합니다. 고양이는 대부분 하루 10회 이상의 소식으로 사냥에 적합한 민첩하고 날씬한 몸매를 유지합니다. 강아지들은 매일 같은 시간에 사료를 급식 받고 그 사료를 싹싹 비우는 반면, 고양이들은 아주 조금만 먹고 사료를 거들떠보지도 않습니다. 바로 고양이의 니블링 때문이지요.

• '편식'이라는 단어는 어쩌면, 그 표현만으로도 고양이의 습성을 제대로 이해하지 못한 일종의 편견일 것입니다. 고양이가 주어진 사료를 한 번에 싹싹 비워야 한다는 건, 사람의 시각으로만 바라본 고정 관념일지도 모릅니다. 그런 고정 관념이 때론 야생에 어울리지 않는 '비만묘'를 만듭니다. 고양이가 사료를 거들떠보지 않는다면, 간식이나 다른 기호성 음식으로 유혹하는 것보다 고양이의 습성을 이해하고 인내심을 갖고 지켜보는 것이 좋습니다. 고양이는 스스로에게 필요한 영양소가 부족하다는 생각이 들면 알아서 필요한 영양소를 채울 것입니다.

고양이 마약 캣닢 (개박하)

캣닢(Nepeta cataria)은 독특한 향을 지니고 있는 민트 계열의 허브 식물입니다. 캣닢에는 네페탈락톤이라는 오일성 화학 물질 성분이 함유되어 있는데, 고양이 3마리 중에 2마리는 이러한 캣닢 성분에 황홀경을 느끼며 흥분하는 반응을 보입니다. 캣닢은 고양이에게는 각성 효과가 있는 반면 사람에게는 신정 효과를 보인다고 합니다. 캣닢의 효과는 약 15분가량 지속되고 남은 캣닢을 보관할 때에는 향이 날아가지 않도록 밀폐 용기에 담아 직사광선이 들지 않는 곳에 보관해야 합니다.

고양이 VS 강아지, 전쟁이다!

학교에서 아이들과 한바탕 전쟁을 벌였어.

오늘 점심시간에 있었던 일이야. 저번에 우리 소미가 우울증에 걸렸을 때 도와줬었던 친구 기억나? 지윤이라고. 해피라는 강아지 입양해서 키우고 있는 친구 말이야. 그런데 지윤이가 오늘 집에서 해피랑 놀면서 휴대폰으로 찍은 사진을 반 친구들한테 보여 줬거든. 순식간에 아이들이 몰려들면서 난리가 난거지.

"우와아아. 얘가 해피야? 완전 귀엽다!"
"나도 보여 줘, 나도 보여 줘."
"꺄아아, 귀여워! 솜사탕처럼 생겼어."
"말티즈 맞지? 나도 알아, 지난번에 길거리 애견샵에서 봤어!"

저마다 한마디씩 하면서 사진을 돌려보다가 옆에 있던 택진이가 갑자기 한마디했어.

"그래, 확실히 고양이보다는 강아지가 더 예쁘지. 기르기도 편하고!"
"뭐라고? 야, 너 웃긴다! 고양이가 얼마나 귀여운지 알아? 알지도 못하면서……."

잠자코 있던 사자의 코털을 건드렸지. 가만히 듣고만 있던 나는 고양이보다 강아지가 더 예쁘단 말에 발끈했어. 왠지 우리 소미가 무시당하는 것 같아서 참을 수가 없었거든. 그때부터 아이들은 고양이파와 강아지파로 나뉘어서 서로 싸우기 시작했어.

"강아지가 훨씬 예쁘거든? 애교도 많고, 훈련시키면 손도 주고, 빵! 하면 죽은 척도 할 수 있고! 고양이는 그런 거 못하잖아!"
"아니거든, 고양이가 얼마나 매력이 있는데! 도도한 척하다가도 가끔씩 다리에 비비면서 애교부리면 완전 쓰러지거든?"
"에이, 내가 아는 사람도 고양이 키우는데 만날 할퀴고 깨물어서 손발이 성한 날이 없던데? 주인도 몰라보는데 왜 키워?"
"쳇! 강아지도 막 물기는 마찬가지잖아! 우리 삼촌도 시골에서 진돗개 키우는데 얼마나 무섭다고……."

두 패거리의 치열한 말다툼은 담임 선생님이 올 때까지 계속됐어. 우리가 하도 시끄럽게 싸우니까 누군가 선생님한테 일러바쳤나 봐! 선생님은 자초지종을 살피고 나서 우리에게 이야기했어.

"자자, 얘들아! 과연 강아지랑 고양이 중에 누가 더 사랑스러운지 확실하게 말할 수 있는 사람이 있을까? 아마도 없을 거야! 왜냐하면 강아지랑 고양이는 전혀 다른 생명체거든. 생김새, 성격, 먹는 음식, 심지어 자주 걸리는 질병의 종류와 치료법까지도 확연히 다르단다. 예를 들면 강아지와는 달리 고양이는 발톱을 갈아야 하기 때문에 스크레쳐라는 도구가 필요하고, 따로 모래가 들어 있는 화장실도 만들어 줘야 해. 반면에 강아지는 규칙적인 산책이 필수고 목욕도 훨씬 더 자주 시켜야 해. 그렇기 때문에 반려동물을 선택할 때에는 서로의 장단점을 잘 파악하고, 평생 동안 내가 보호자로서 함께하고 사랑으로 지켜 줄 수 있는지를 고민해야 한단다."

  선생님 말씀을 듣고 그제야 우리는 화해를 했어. 아무래도 내가 키우고 있는 소미만이 최고라고 생각하다 보니까 다른 친구들의 마음을 이해하지 못한 것 같아. 사실 나도 동네에서 귀여운 강아지를 만나면 어쩔 줄 몰라서 방방 뛰거든. 가끔씩은 소미가 너무 도도해서 뒤에서 시중만 들고 있는 내 모습이 살짝 초라해 보일 때도 있어.

  근데 말야,
  사실 난 지금 이 순간에도 우리 소미가 너무너무 보고 싶거든? 그런 걸 보면⋯⋯ 난 어쩔 수 없는 고양이 집사인가 봐. 에헤헤⋯⋯.

1 강아지와 고양이의 차이점

강아지는 사람과 주종 관계를 형성하지만 고양이는 언제나 자유롭고 본능적으로 행동합니다. 또한 강아지는 훈련에 의해 자신의 역할을 수행할 수 있지만 고양이는 사람의 명령을 따르기 보다는 그저 자신의 기분이 좋아지는 행동을 할 따름입니다. 고양이는 강아지와는 달리 스트레스 해소를 위한 야외 산책이 거의 불가능합니다. 하지만 정해진 실내 생활만 하다 보면 동선이 고정화되기 때문에 운동 부족으로 인한 비만이 생기거나 자극 부족으로 인해 움직임이 적어지는 문제가 생길 수 있습니다. 어렸을 때부터 고양이들이 접근할 수 있는 곳을 정하고 바꿔가면서 사료를 주는 방식으로 자극을 제공하면 에너지도 발산하고 사회화에도 도움이 될 수 있습니다. 또한 이를 통해 새로운 환경에 대한 적응력을 높여 추후에 병원에 입원했을 때 식사나 치료를 거부하는 것을 예방할 수 있습니다.

2 고양이 사회화 훈련

고양이와 함께 행복하게 살아가기 위해서 매우 중요한 시기가 있습니다. 바로 생후 약 2주령부터 9주령까지의 기간으로, 사람은 물론 다른 동물과도 익숙해지도록 많은 자극이 필요한 사회화 시기입니다. 고양이와 사람이 적절한 관계를 구축하기 위해서는 반드시 이 시기에 정기적이고 긍정적인 접촉을 자주 가져야 합니다. 하루에 한두 번씩 약 15분 정도의 시간을 들여 새끼 고양이를 안고 쓰다듬고 함께 놀아야 합니다. 낯선 장소나 낯선 소리, 다른 동물이나 아이들과의 비위협적인 접촉을 가지는 것도 좋습니다. 또한 이 시기에는 앞으로 동물 병원에서 경험하게 될 여러 가지 처치를 무리 없이 받아들이기 위해 입을 벌려 보고 잇몸도 만져 보고 귀에 손가락도 넣어 보고 배를 만져 보는 과정이 필요합니다. 이러한 자극에 익숙해져야 실제 병원에 내원했을 때 받는 스트레스를 최소화할 수 있습니다. 다른 곳에서 새끼 고양이를 입양한 경우에도 올바른 사회화 과정을 거칠 수 있도록 각별히 신경 쓰는 것이 중요합니다.

Q1. 고양이도 훈련시킬 수 있나요?

A. 일반적인 믿음과는 달리 고양이는 대부분 훈련이 가능합니다. 하지만 고양이가 가지고 있는 독특한 본성 때문에 효과적으로 훈련시킬 수 있는 방법은 오직 긍정적인 보상을 통한 방법밖에 없습니다. 고양이를 훈련시키기 위해서 간식과 클리커를 사용할 수 있습니다. 고양이를 주의 깊게 관찰하고 있다가 마음에 드는 행동을 했을 때 클리커 소리를 내며 간식을 주는 것입니다. 같은 상황이 여러 번 반복되면 고양이는 그 행동에서 간식을 연상하게 되고, 클리커 소리만으로도 행동을 제어할 수 있게 됩니다. 하지만 클리커 훈련법은 먹이를 보상으로 활용하는 훈련이므로 조용하고 방해받지 않는 장소에서 시행해야 하고, 간식의 양은 매우 적어야 합니다. 자칫 잘못하면 반복된 훈련 속에서 비만에 이를 수도 있기 때문입니다. 또한 한 가지 행동에는 하나의 보상만을 줌으로써 고양이가 헷갈리지 않도록 하는 것이 중요합니다. 반드시 명확하고 간결하며 일관되게 가르칠 때 최고의 훈련 효과를 거둘 수 있습니다.

Q2. 고양이에게 체벌이 효과가 있나요?

A. 고양이에게 가하는 체벌은 반항심만 불러오게 되므로 절대로 금물입니다. 조금이라도 고양이의 기분을 상하게 한다면 오랫동안 보호자를 멀리하거나 손길을 꺼려할 수도 있있습니다. 고양이와 한 번 나빠진 관계를 회복하는 데에는 상당히 오랜 시간이 걸립니다. 또한 고양이에게 훈련을 시킬 때에는 큰소리로 야단을 친다거나 무서운 표정을 짓는 등의 행동은 아무 소용이 없습니다. 칭찬으로 좋은 기억을 남겨 주고 적절한 보상으로서 같이 놀아 준다거나 좋아하는 간식을 주는 것이 가장 효과적입니다.

칭찬해 달라옹!

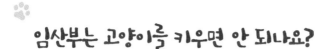

임산부는 고양이를 키우면 안 되나요?

오래간만에 집에 이모가 놀러 왔어. 이모는 작년에 결혼해서 한창 알콩달콩 깨가 쏟아지는 신혼 생활 중이야. 어렸을 때부터 나를 특히 예뻐해서 같이 놀이공원에도 놀러 가고 맛있는 것도 많이 사 줬던 기억이 나. 그래서 나도 우리 이모를 참 좋아해!

근데 와아, 이모 배가 남산만 한 것 있지? 내가 깜짝 놀라서 이모한테 물어봤더니 지금 임신 8개월째래. 아기가 다른 애들보다 좀 크다나? 손가락으로 배를 살짝 눌러 보기도 하고, 조심스럽게 귀를 가져다 대 봤더니 뭔가 꾸물꾸물 움직이는 게 느껴져서 무지 신기했어. 진짜로 생명의 신비가 막 느껴지는 기분이야.

한창 이야기꽃을 피우던 중, 자다가 깨서 거실로 나온 소미를 보고 이모가 깜짝 놀랐어. 너무 예쁘다고 한참을 쓰다듬더니만, 갑자기 눈물을 글썽이는 거야. 원래 이모는 결혼하기 전부터 오랫동안 고양이를 키우고 있었대. 그러다가 결혼하고 나서 바로 임신을 했더니 시부모님이 고양이를 갖다 버리라고 했다는 거야. 임신 중에 고양이를 키우면 유산이 될 수도 있고, 나중에 태어날 아기한테도 안 좋을 거라고 하셨다나? 그래서 어쩔 수 없이 친구한테 당분간만 키워 달라고 맡길 수밖에 없었대. 예전에 키우던 고양이 생각이 많이 났나 봐. 보고 싶다고 울먹거리는데 나도 괜히 덩달아 눈시울이 빨개졌어.

하도 궁금해서 다음 날, 이모랑 같이 동물 병원에 찾아갔어. 임산부나 아기가 있으면 고양이를 키우면 안 되는지 수의사 선생님에게 물어봤더니 자세하게 설명해 주었어.

"결론부터 말하자면, 고양이랑 함께 있어도 괜찮아요. 고양이가 걸리는 질병 가운데 '톡소플라즈마' 라는 기생충이 있는데, 이 질병은 사람과 고양이가 함께 걸릴 수 있고 항체가 없는 임산부가 감염될 경우 유산이나 태아 기형이 유발될 가능성도 있긴 해요."
"그럼 정말로 위험한 거 아니에요?"

깜짝 놀란 이모가 걱정스러운 눈길로 물어봤어.

"하지만 사람이 고양이를 통해 톡소플라즈마에 감염되려면 고양이의 감염 초기 분변을 손으로 직접 만진 다음에 기생충의 알을 삼켜야해요. 결국 상식적인 위생 관념만 지킨다면 톡소플라즈마 감염증이 임산부에게 문제를 일으킬 확률은 거의 없죠. 실제로 현재까지 국내에서 발견된 사례는 단 한 건도 없어요."

"그럼 고양이가 임산부에게 위험하다는 이야기는 어디서 나온 거예요?"

"사람의 톡소플라즈마 감염은 주로 오염된 물, 흙, 충분히 씻지 않은 과일과 채소, 육류 등을 통해 감염되는 것으로 밝혀졌어요. 모든 음식을 충분히 익혀 먹고, 임신 계획 단계부터 톡소플라즈마에 대한 항체가 있는지 산부인과에서 검사를 받으면 감염 걱정은 안 해도 돼요. 또 키우는 고양이의 배설물을 치울 때에는 가능한 직접적인 접촉을 피하고 다른 사람에게 부탁하는 것이 좋아요. 하지만 어쩔 수 없다면 반드시 장갑과 마스크를 착용하고, 평소에 고양이의 기생충 예방과 손을 깨끗이 하는 것이 필수죠."

아, 그렇구나. 그렇다면 앞으로 태어날 아기한테 고양이 털이 문제가 되지는 않을까? 이런 문제에 대해서도 수의사 선생님이 명쾌하게 대답해 주었어.

"강아지나 고양이의 털은 어떠한 경우에도 태아의 호흡기나 몸 안에 들어가 물리적으로 영향을 미칠 수 없어요. 주거 환경을 청결하게 유지하기 위해 청소와 환기를 자주 하고, 반려동물의 배설물과 신체가 접촉했을 경우 깨끗한 물과 세정제로 닦아 2차 세균 감염이 발생하지 않도록 노력하면 반려동물을 키워도 태아에게 아무런 해를 끼치지 않아요."

이모는 불현듯 생각났는지 또 다른 질문을 했어.

"아참! 얼마 전에 텔레비전에서 봤는데요, 외국에서는 아기들이 자기 몸집보다도 커다란 강아지를 껴안고 막 뽀뽀하고 그러던데 그래도 괜찮은 거예요?"

"일반적으로 반려동물을 키우는 집의 아이들은 다른 아이들보다 면역력이 강화돼 알레르기, 천식, 아토피 같은 면역성 질환의 발병률이 낮아진다고 밝혀졌어요. 또 반려동물을 돌보는 과정에서 동물에 대한 책임감, 생명의 소중함을 느끼고 교감을 통해 정서적인 안정감을 얻을 수 있죠. 이렇게 배운 생명의 소중함은 아이의 인격 형성과 원만한 인간관계를 형성하는 데도 도움이 된다고 해요. 단, 너무 어린 아이와 반려동물은 갑자기 서로에게 위협적인 행동을 할 수 있기 때문에 한 공간에 둘만 남겨 놓는 일은 피하는 것이 좋습니다."

수의사 선생님이 알기 쉽고 자세하게 알려주어서 머리에 쏙쏙 들어왔어. 이모도 마음이 한결 편해진 것 같아. 동물 병원을 나서는 발걸음이 훨씬 가벼워 보였거든. 그리고 집에 가는 길에 친구한테 맡겨 놓은 고양이를 다시 데려올 거라고 했어. 내가 나중에 결혼하고 아기를 가지게 되었을 때, 만일 소미랑 헤어져야 한다면? 생각만 해도 끔찍한 일일 것 같아.

소미는 이미 하나밖에 없는 나의 사랑스러운 동생이니까 말이야.

1 고양이와 사람이 함께 걸릴 수 있는 질병

동물이 사람에게, 혹은 사람이 동물에게 서로 옮길 수 있는 질병을 인수공통전염병이라고 합니다. 그 종류에는 고양이에게 물리거나 할큄을 당하였을 때 감염이 되기 쉬운 각막염이나 파스트렐라 감염증, 곰팡이 균이 원인이 되어 발생하는 피부사상균증, 기생충에 의한 감염증, 고양이 알레르기 등이 있습니다. 이러한 질병을 예방하기 위해서는 세균이 옮거나 번식하지 못하도록 깨끗한 환경을 만드는 것이 중요합니다. 과도한 스킨십은 피하고 통풍과 청결에 신경을 써야 하며 면역력이 약한 어린이, 임산부, 노약자 등은 특히 고양이들과 적절한 거리를 유지하여 감염되지 않도록 주의해야 합니다.

Q1. 집에서 기르기에는
수고양이가 좋아요? 암고양이가 좋아요?

A. 고양이들의 개성은 사람과 마찬가지로 제각각이라고 할 수 있습니다. 종에 따라서 나이에 따라서 성별에 따라서 각기 다른 매력을 가지고 있지요. 수고양이는 체격이 크고 다부지며 근육질입니다. 영역 의식이 강해서 수컷끼리는 자주 싸웁니다. 성격은 상대적으로 활발하고 사람들에게 응석을 잘 부리며 함께 노는 것을 좋아합니다. 따라서 고양이와 놀아 주는 시간이 많아야 하며 그렇지 못할 경우 스트레스가 쌓여 문제가 될 가능성이 높습니다. 반면에 암고양이는 체형이 작고 날씬하며 우아합니다. 성격은 자립적이고 도도합니다. 영역 의식은 약한 편입니다. 서로 간섭하고 살고 싶지 않거나 고양이와 놀아 줄 시간이 적은 사람에게는 암고양이를 키우는 것을 추천합니다.

Q2. 고양이도 왼손잡이 오른손잡이가 있나요?

A. 사람들과 마찬가지로 고양이에게도 상대적으로 우세한 발이 있습니다. 고양이는 약 40%가 왼발잡이이고 20%가 오른발잡이, 그리고 나머지 40%는 양발잡이입니다.

2 고양이와 함께 자동차 여행하기

고양이는 강아지와는 달리 낯선 곳으로 떠나는 여행을 좋아하지 않습니다. 하지만 어쩔 수 없이 자동차로 고양이와 함께 여행을 해야 하는 경우에는 몇 가지 주의 사항을 지켜야 합니다. 우선 안전을 위해 반드시 이동장에 넣은 채로 차에 태우고 탈출을 막기 위해 가슴줄을 착용시켜야 합니다. 또한 더위나 추위를 느끼지 않도록 세심하게 온도 관리를 해야 하며 일회용 고양이 전용 화장실과 휴대용 식기류, 청소용품, 고양이가 좋아하는 장난감, 평소에 먹던 사료 등을 반드시 챙겨야 합니다. 또한 동물용 구급상자를 챙기고 여행지 근처에 있는 동물 병원 등의 시설을 미리 파악해 두는 것이 필요합니다.

3 고양이와 함께 비행기 여행하기

고양이와 함께 장거리 비행기 여행을 해야 할 경우에는 비행기 표를 예매하기 전에 미리 방문 국가의 검역 관련 규정과 절차를 파악하고 동물 병원에서 건강 검진을 실시하여 확인 서류를 준비해야 합니다. 비행 중에는 반드시 이동장에 넣어서 이동해야 하며 탈출을 방지하기 위한 가슴줄과 리드줄을 착용시켜야 합니다. 멀미를 예방하기 위해서 탑승 6시간 전부터는 음식 섭취를 제한하고 스트레스를 덜어 주기 위해 페로몬 스프레이나 허브 약품 등을 이용하면 좋습니다.

여행가기 전에
꼭 챙기라옹!

뚱보 소미 다이어트 대작전

벌써 소미가 4살이 되었어. 많이 점잖아진 게 이젠 어엿한 어른 고양이가 된 것 같아. 어렸을 때 느끼던 소미 특유의 애교나 재롱이 많이 줄어든 것 같아 아쉽긴 해. 예전엔 밖에 나갔다 돌아오면 반갑다고 쪼르르 달려와서 다리에 얼굴을 문지르면서 한껏 애교를 부렸는데, 요새는 멀뚱멀뚱 쳐다보기만 하고 불러도 잘 오지 않아. 내가 고양이를 키우는 건지, 상전을 모시고 사는 건지 가끔은 헷갈릴 정도야.

지난주 일요일 아침, 오래간만에 가족이 다 같이 둘러앉아 텔레비전을 보는데 엄청 뚱뚱한 고양이가 나왔거든. 근데 가만히 보니 우리 소미도 크게 다를 바가 없더라고. 안 그래도 '요새 영 움직임이 둔하고 게을러진 거 아냐?'라고 생각했는데, 옆에서 보면 배가 살짝 땅에 끌리는 것처럼 보이기도 해. 쓰다듬어 봤더니 갈비뼈가 한 개도 안 만져지고, 목덜미나 엉덩이 쪽에도 살집이 제법 잡힐 정도야. 인터넷을 찾아보니 확실히 여러 가지 조건에서 우리 소미는 비만이야.

사실 생각해 보면 그럴 만도 해. 워낙 식성이 좋다 보니 사료뿐만 아니라 엄마가 만들어 준 수제 간식도 많이 먹고, 은근히 가족들이 돌아가면서 쇠고기나 흰살 생선 같은 사람 음식도 꽤 먹여 왔거든. 주는 대로 넙죽넙죽 잘도 받아먹는 소미가 그저 한없이 귀엽게 느껴졌나 봐. 이러다가 진짜 무슨 일이 날 것 같아서 어젯밤, 결국 아빠가 가족들을 모두 모아 놓고 비상 대책 회의를 하자고 했어.

바로 소미의 다이어트 대작전! 빠밤!
한참을 상의한 끝에 몇 가지 규칙을 정했어.

1. 간식 금지
2. 평소보다 사료 줄이기
3. 규칙적으로 밥 주는 시간 정하기
4. 운동량 늘리기

사실 간식을 안 먹이는 거랑 사료량을 줄이는 건 그다지 어려운 일이 아니야. 규칙적으로 밥 주는 시간을 정하는 것도 사료 자동 급식기를 이용하면 될 것 같고. 하지만 운동량을 늘리는 게 관건이야. 인터넷을 뒤져서 그중 몇 가지 방법을 찾아냈어.

일단 밥그릇을 두 개 더 장만했어. 그런 뒤 집안 곳곳에 분산 배치하고 하루치 사료를 적당히 나눠서 담았어. 캣타워 상단에 놔 둔 사료를 먹으려면 아마도 꽤나 고생을 해야 할 거야. 물그릇도 마찬가지로

여러 개를 두고 가능한 자주 물을 마시게 하려고 해. 고양이는 나이가 들면서 콩팥이나 방광에 결석이 생겨 오줌 누기 어려운 경우가 생길 가능성이 높다고 하더라고. 그런 질병을 예방하기 위해서라도 평소에 물을 많이 섭취하는 게 좋대.

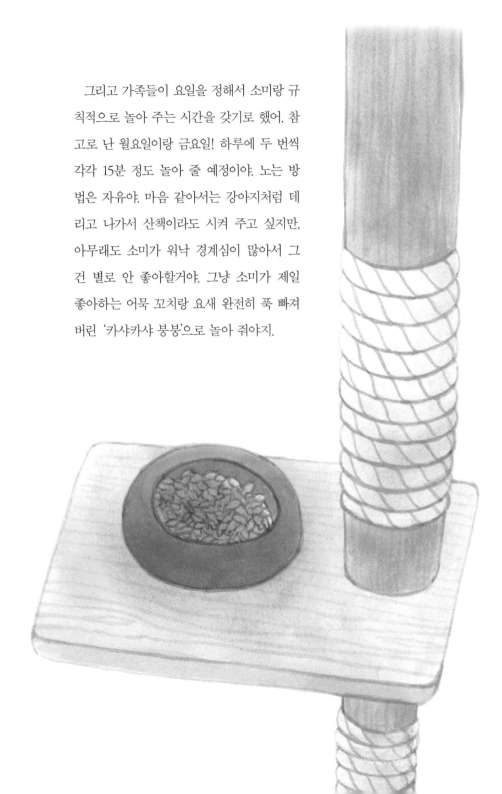

　그리고 가족들이 요일을 정해서 소미랑 규칙적으로 놀아 주는 시간을 갖기로 했어. 참고로 난 월요일이랑 금요일! 하루에 두 번씩 각각 15분 정도 놀아 줄 예정이야. 노는 방법은 자유야. 마음 같아서는 강아지처럼 데리고 나가서 산책이라도 시켜 주고 싶지만, 아무래도 소미가 워낙 경계심이 많아서 그건 별로 안 좋아할거야. 그냥 소미가 제일 좋아하는 어묵 꼬치랑 요새 완전히 푹 빠져 버린 '카샤카샤 붕붕'으로 놀아 줘야지.

아참, 카샤카샤 붕붕은 얼마 전에 새로 장만한 낚싯대 형태의 장난감인데, 줄 끝에 잠자리 날개처럼 생긴 빤짝빤짝한 투명 비닐이 달려 있어. 웬만한 장난감은 쳐다도 안 볼 정도로 까탈스러운 소미도 이 장난감에는 그야말로 혼이 나갈 정도로 달려들어 신나게 놀곤 해. 뭐가 그렇게 재미있는지 양손을 휘두르며 폴짝폴짝 뛰어오르는 소미를 보면 나도 그냥 흐뭇하게 기분이 좋아져.

가족 모두가 똘똘 뭉쳐 소미의 다이어트를 성공시키기로 굳게 마음을 먹은 만큼 이번에는 제대로 해 볼 작정이야. 기한은 몸에 너무 무리가 가지 않는 선에서 앞으로 6개월 완성이 목표! 사람들과 마찬가지로 고양이도 나중에 살이 다시 찔 수 있다고 하니까 꾸준히 관리를 해 줘야겠지.

자, 누가 이기나 한번 해 보자고! 우리 소미 파이팅!

1 고양이 비만

고양이는 일반적으로 이상적인 체중보다 15퍼센트 이상 더 나가면 비만으로 간주합니다. 비만은 소비 열량보다 섭취 열량이 지나치게 많을 때 생기는데, 이는 고열량 식사나 과식, 운동 부족과 관련이 높습니다. 비만이 심한 고양이에게는 심장병, 관절염, 호흡 장애, 고혈압, 지방간, 당뇨병 등의 질환이 생길 수 있고 호르몬 불균형으로 인한 성격 이상이나 탈모 등이 나타날 수 있습니다. 또한 나이가 많이 들거나 중성화 수술 뒤에는 비만이 되기 쉬운데 이는 몸에서 요구하는 칼로리 양이 줄어들고, 신진대사와 운동량은 감소하기 때문입니다.

고양이가 비만인지 확인하는 방법

비만 유무를 체크하기 위하여 동물 병원에서는 신체충실지수(BCS, Body Condition Score)를 측정합니다. 표준 상태인 5단계를 기준으로 기아 상태인 1단계부터 심각한 비만 상태인 9단계까지 비만도를 평가하는 것이지요. 집에서 보호자가 체크할 수 있는 간단한 방법으로는 손으로 갈비뼈나 골반뼈를 만져 보거나 위에서 볼 때 허리가 살짝 잘록하게 들어가는 정도를 평가함으로써 알 수 있습니다. 일반적으로 정상 체중의 30%를 초과할 때부터는 다이어트가 필요합니다.

2 고양이 다이어트

고양이는 육식 동물로서 단백질 분해 능력이 뛰어나기 때문에 몸의 단백질 요구량을 유지하기 위해서는 지속적으로 많은 단백질을 섭취해야 합니다. 반면에 탄수화물은 거의 필요로 하지 않고, 사료에 포함된 지방은 직접적으로 콜레스테롤 수치를 증가시키지 않습니다. 그러므로 건강한 체중을 유지하기 위해서는 지방 섭취량을 줄이기보다는 일일 칼로리 섭취를 제한해야 합니다. 균형 잡힌 다이어트를 위해서는 충분한 여유를 갖고 꾸준한 운동과 함께 몸에 필요한 양질의 단백질과 무기질을 적당량만큼 줄여서 공급하는 방법이 가장 좋습니다.

3 고양이
생식

생식은 고양이의 본능에 가장 밀접한 섭식 방법이라고 할
수 있습니다. 이러한 식이법의 장점으로는 수분 섭취량의 증
가와 첨가되는 화학 성분의 최소화, 열처리를 거치지 않기
때문에 영양소의 파괴가 적다는 점 등을 들 수 있습니다. 하지
만 개별적인 영양소의 균형을 맞추기가 힘들고 위생적으로 관
리하기가 어렵다는 점도 고려해야 합니다. 필요한 먹이를 조금씩 먹는
고양이의 습성을 고려했을 때, 생식이 오랜 시간 변질 없이 유지되기 위해서는 보호자의 노력
과 의지가 무엇보다 중요합니다.

4 물 안 마시는 고양이
물 먹이기

1. 수분이 많은 습식 사료나 소금이 첨가되지 않은 무염 육수를 건사료에 첨가해 주기

2. 물그릇을 도자기나 유리 같은 재질로 바꿔서 집 안 곳곳에 두기

3. 체온과 비슷한 정도의 따뜻한 물을 공급하고 물에 좋아하는 맛을 섞어 주기

4. 물그릇을 설거지할 때 합성 세제나 소독약을 사용하지 말고 물에서 석회 냄새를 없애기

5. 물이 흐르도록 설계된 자동 급수기를 사용하여 고양이의 관심을 자극하기

• 고양이는 원래 사막에서 살던 동물이라 그다지 물을 많이 마시지는 않습니다. 하지만 나
이가 들면 요도나 방광의 결석증을 예방하기 위해서라도 물을 많이 마시게 하는 것이 좋습니
다. 고양이에게 하루에 필요한 수분량은 체중당 50~70㎖입니다.

밀고 당기기의 천재 소미

소미의 마음은 진짜 알다가도 모르겠어.

언젠가부터 도도함이 하늘을 찌르고 있거든.

예컨대 간식이라도 한 번 주려면 한껏 머리를 조아려야 돼.

"혹시 실례가 안 된다면 간식을 좀 드려도 될까요?"

"글쎄, 난 최고급 간식이 아니면 안 먹지만, 일단 거기다 놓고 가 줄래?"

딱 이런 느낌이라고나 할까? "소미야……." 하고 부르면 가까이 오지는 않고 별로 안 먹고 싶은 것 마냥 멀리서 쳐다보고만 있어. 그러다가 간식을 주섬주섬 도로 집어넣으면 그제야 와서 솜방망이 같은 앞발로 툭툭 치면서 달라고 하는 거 있지.

그것뿐만이 아냐. 언젠가부터 내가 화장실에 가기만 하면 문 앞에 앉아서 기다리고 있어. 그럴 때마다 난 괜히 마음이 급해져서 서둘러

나가거든. 근데 막상 나가면, 마치 자긴 기다린 적 없다는 듯이 못 본 척을 하는 거야. 그래서 그냥 지나치려고 하면 또 슬그머니 다가와 몸을 스윽 스치면서 자기랑 놀아 달라고 해.

하지만 그러면서도 진짜로 미워질 만큼 차갑게 굴지는 않아. 털 빗겨 줄려고 붙잡으면 엄청 바둥바둥 거리면서 싫어하거든. 그런데 마루에 누워서 텔레비전을 보고 있으면 슬그머니 와서 내 팔에 팔베개를 하고 눕는 거야. 그럼 난 또 그 몽실몽실한 느낌에 어쩔 수 없이 녹아 내리곤 해.

지난번에는 내가 학교에서 시험을 망치고 돌아와서 시무룩하게 있었더니 어느새인가 다가와서 은근하게 몸을 기대는 거야. 그런 소미를 보고 난 또 눈물이 났지 뭐야. 그랬더니 할짝할짝 내 눈물도 핥아 줬어.

그런 걸 보면 고양이들은 자기한테 무조건적으로 잘해 주는 사람보다는 적당히 무관심한 사람을 더 좋아하나 봐.

얼마 전에는 오빠랑 소미가 하도 안 친해 보여서 새로운 시도를 해 봤어. 인터넷에서 고양이 인사법이라는 걸 발견했거든. 영 내키지 않아 하는 오빠를 살살 구슬려서 소미한테 테스트를 해 보기로 했어. 방법은 별것 없어. 그냥 약간 먼발치에서 소미 눈을 바라보다가 천천히 눈을 깜박이는 거야. 이렇게 먼저 눈인사를 나누면 고양이가 마음을 열고 천천히 교감을 할 수 있다고 해.

하필, 고양이가 뭐람!

하지만 결과는 참담했어. '너희들, 도대체 뭐하는 거냐?'라는 눈빛으로 한심하게 쳐다보던 소미가 그냥 휙 뒤돌아 가 버렸거든. 괜히 오빠만 상처받고 끝난 것 같아. '첫술에 배부르랴?'라는 심정으로 앞으로 자주 눈인사를 건네면 언젠가 소미도 오빠의 마음을 받아주겠지? 둘이 어서 친해지길 바래. 물론 시간이 꽤나 걸릴 것 같긴 하지만…….

고양이한테 지나친 관심을 주면 오히려 고양이가 스트레스를 받고 부담스러워 한대. 억지로 스킨십을 하려고 귀찮게 하는 것 보다는 고양이가 하고 싶은 대로 내버려 두는 집사라는 것을 보여 주면 고양이가 어느 순간부터 흥미를 보인다고 해. 이럴 때 가장 필요한 건 아마도 인내심이겠지?

밀고 당기기의 천재인 도도한 소미.
그래도 난 네가 너무 좋아. 소미야, 사랑해!

1 밀고 당기기를 하는 고양이

고양이는 사람과의 상호 관계에서 모순된 습성을 가지고 있습니다. 평소에 만져 달라고 애교를 부리다가도 막상 손을 대면 하악질을 하거나 도망가 버리는 행동을 하지요. 집사들이 쓰다듬어 주는 것을 좋아하긴 하지만 고양이의 본성에 비추어 볼 때 이는 매우 부자연스러운 일이기도 합니다. 고양이들은 본성과 다른 혼란스러움을 먼저 사람의 접촉을 유도한 다음 거부함으로써 나타냅니다. 최선의 해결책은 고양이가 안정된 상태에서 스스로 접근할 때에만 스킨십을 해 주고 조금이라도 거부 반응을 보일 때면 스킨십을 즉시 중단하는 것입니다.

고양이 양치질하기

고양이는 의외로 잇몸 병에 걸리기 쉬운 동물입니다. 통계적으로 3세 이상의 고양이 중에 약 80% 이상이 각종 치과 질환에 시달린다고 합니다. 입 냄새와 잇몸 병 같은 질환을 예방하기 위해서는 어렸을 때부터 양치하는 습관을 들여야 합니다. 양치질은 부드럽고 편안한 분위기에서 시도하며 마치 놀이처럼 인식할 수 있도록 해야 합니다. 우선 입속에 손가락을 넣고 이빨을 만지는 행위에 익숙해지면 거즈를 넣어서 살살 문질러 줍니다. 그 다음에는 치약을 고양이용 칫솔에 묻혀서 핥아먹게 해 주고 조금씩 양치질을 시도해 봅니다. 이때 가장 중요한 것은 억지로 하지 않는 것입니다. 조금이라도 싫어하는 기색을 보이면 즉시 멈추고 다음 기회에 다시 시도해야 합니다. 또한 양치질 뒤에는 반드시 좋아하는 간식으로 상을 주고 놀아 줘서 양치질이 즐거운 행위라는 것을 기억하도록 해야 합니다. 만약 고양이가 칫솔질을 완강하게 거부할 경우에는 구강 청결제, 치아용 간식, 마시는 물에 섞는 첨가제 등을 사용하여 관리하는 방법도 있습니다.

2 고양이랑 친해지기

고양이를 처음 만났을 때에는 고양이 앞에 손가락을 내밀고 고양이가 먼저 다가오기를 기다리는 것부터 시작합시다. 고양이는 얼굴 앞에 손가락이 다가오면 냄새를 맡기 위해 다가오는 습성이 있기 때문입니다. 그 뒤 잠시 동안 고양이가 하고 싶은 대로 내버려 두고 경계를 풀 때까지 기다립니다. 어느 정도 시간이 지난 뒤 머리나 몸을 비비면서 친밀감을 표현할 때 천천히 쓰다듬어 주는 것이 좋습니다.

3 고양이를 쓰다듬을 때 좋아하는 부위

고양이는 목, 턱 아래, 이마, 귀 등을 천천히 부드럽게 만져 주는 것을 좋아합니다. 하지만 스킨십을 기분 좋게 느끼는 시간은 20분 내외입니다. 고양이는 만족감을 즐기다가도 뭔가 마음에 들지 않거나 경계심을 느끼게 되면 갑자기 공격 태세로 바뀌기 때문에 주의해야 합니다. 그래서 고양이의 현재 감정 상태를 파악하는 것이 중요합니다. 편하게 누워 있거나 꼬리를 세우고 있을 때, 가르릉 소리를 내면서 엎드려 있을 때는 기분이 좋은 상태이기 때문에 부드럽게 만져 주면 좋아합니다. 하지만 밥을 먹고 있거나 그루밍 중일 때, 무엇인가에 집중하고 있을 때는 사람이 만지는 걸 싫어할 수도 있습니다.

쓰다듬어 달라옹.

왜 이러죠? 저 배가 많이 아파요

오늘 아침부터 배가 살살 아픈 게 기분이 좀 안 좋았어요. 주인님이 준 사료도 왠지 땡기지가 않아서 반 이상 남겼어요. 화장실에서 응가를 하려고 힘을 줬는데 깜짝 놀랐어요. 평소에는 감자처럼 예쁘고 동글동글한 똥이 나오는데 오늘은 물똥을 찍하고 눴거든요. 냄새도 유난히 구렸어요. 별로 개운하지도 않았고요.

영 힘이 안 나요. 머리도 지끈지끈 아프고 아무것도 하기 싫어요. 그냥 계속 졸려서 오전 내내 웅크리고 있었어요. 주인님이 낚싯대를 가지고 놀자고 했는데도 오늘은 별로 내키지가 않네요. 앞발로 툭툭 몇 번 치다가 그만뒀어요. 날 좀 가만히 내버려 뒀으면 좋겠어요.

오후에는 우에엑, 하고 세 번이나 토했어요. 처음에는 조금 먹었던 사료가 나오더니 나중에는 하얀 거품만 잔뜩 나왔어요. 노란색도 조금 섞여 있었던 것 같아요. 토하면 토할수록 기운이 점점 없어지는 것 같아요. 아침보다 배가 더 아프네요.

주인님이 걱정을 많이 하시네요. 한참 동안 불쌍한 눈빛으로 바라보면서 쓰다듬다가 결국, 저를 안고 동물 병원으로 향했어요. 가는 동안 이동장에다 한 번 더 토했네요. 제가 오늘 왜 이러는 걸까요? 저 괜찮겠죠? 무슨 큰일이 생긴 건 아니겠죠?

에헤헤, 전에도 몇 번 봤던 수의사 선생님이에요. 아무리 봐도 눈이 너무 작아서 저를 보고 있는 건지, 주인님을 보고 있는 건지 알 수가 없네요. 그래도 선생님을 보니까 왠지 마음이 푸근해지는 것 같아요. 주인님이 나를 선생님한테 보냈어요. 그런데 살짝 겁이 났어요. 솔직히 주인님 손을 떠나기가 무서웠어요. 나도 모르게 손톱이 빼꼼 나왔나 봐요. 선생님 손등에 또 스크래치를 냈네요. 지난번에도 그랬었는데 선생님이 나를 싫어하면 어쩌죠? 선생님, 죄송해요!

여러 가지 검사를 했어요. 몸무게를 재고, 청진기로 심장 소리를 들었어요. 동그란 금속 청진기를 가슴 쪽에 가져다 댔을 때는 차가워서 조금 놀라긴 했지만, 가만히 나를 안아 든 선생님의 손길은 참 따뜻했어요. 그르렁 소리가 절로 나왔지요. 그 다음은 내가 제일 싫어하는 체온 재는 시간이에요. 항문에 기다란 막대기를 쑤욱 집어넣는데 아프기도 하고 솔직히 기분이 안 좋아지거든요. 탈출하고 싶어서 버둥거려도 선생님은 놔 줄 기미가 없네요. 뭐, 할 수 없죠.

(설마 내가 아까 손등 좀 할퀴었다고 복수하는 건 아니겠죠? 아닐
거라고 믿어요, 흠흠.)

헉! 피도 뽑아야 하나 봐요. 간호사 언니가 나를 오른쪽 허리춤에 끼
고 목을 바짝 들어 올렸어요. 그렇게 안 봤는데 힘이 엄청 세요. 이건
뭐 내가 상대할 정도가 아닌 것 같아서 그냥 포기하고 몸을 맡겼어요.
뾰족한 주사기로 목에 있는 혈관을 찌르는데 살짝 따끔했지만 생각만
큼 아프지는 않았어요. 호오, 선생님! 그럭저럭 솜씨가 좋은데요?

체온계에 묻어 있던 응가로 분변 검사도 하고 전염병 키트도 찍었어
요. 혈관에서 뽑은 피를 두 군데 플라스틱 통에 나눠 담고 혈액 검사
를 진행했어요. 아무래도 검사 결과가 나오기까지 시간이 좀 걸릴 것
같아요. 나는 대기실에서 주인님 품에 안겨 조용히 기다렸어요.

아, 검사 결과가 나왔나 봐요. 선생님이 다시 진료실로 들어오래요.
또 못살게 굴까 봐 주인님 품속으로 더 깊숙이 파고들었어요. 선생님
이 환하게 웃으시는 걸 보니 그다지 심각한 건 아닌가 봐요. 다행히도
그냥 가벼운 장염이래요.

주사 한 대랑 가루약 3일치를 지어 주었어요. 주사는 뒷다리 뒤쪽에
있는 근육에 맞았는데 깜짝 놀랄 정도로 아팠어요. 토하지 않게 하는
주사라는데 진짜 눈물이 찔끔 나올 정도였어요. 가루약은 간호사 언
니가 정성스럽게 하나하나 캡슐에 넣어 주었어요. 사실 예전에 가루약

먹고 너무 써서 입에서 부글부글 거품을 흘렸었거든요. 저렇게 캡슐에 넣어 주면 아마 또 그럴 일은 없겠죠?

이제 다 끝났어요. 주인님은 수의사 선생님에게 꾸벅 고개를 숙이고 나서 나를 조심스럽게 안고 집으로 돌아왔어요. 너무 힘든 하루였어요. 지금은 일단 한 숨 푹 자고 싶네요. 꿈에서 또 주사 맞는 장면이 나올까 봐 겁이 나요. 상상만 해도 무섭네요. 앞으로 장염 안 걸리게 조심, 또 조심해야 겠어요.

쉿! 이건 비밀인데요, 사실 어젯밤에 식탁 위에 남아 있던 고등어 반 토막을 몰래 먹었어요. 오늘 배가 아팠던 건 아마도 그거 때문이겠지요? 덕분에 온종일 고생을 했는데, 솔직히 다음에 또 맛있어 보이는 생선이 눈에 들어온다면? 흐음, 안 먹는다고 장담은 못하겠네요, 헤헤.

1 고양이에게 위험한 음식

백합과 식물
양파, 대파, 부추 같은 야채는 백합과 식물로서 용혈성 빈혈을 일으킬 수 있습니다. 구토, 설사, 발열 같은 증상이 나타나고 심할 경우에는 죽을 수도 있습니다.

우유
유당 성분이 제거된 고양이 전용 우유가 아닌 일반적인 사람 우유는 복통과 설사를 일으킬 수 있습니다.

초콜릿
초콜릿에 포함된 테오브로민 성분을 과다하게 섭취하면 부정맥이나 혈압 상승, 발작, 경련을 일으킬 수 있습니다.

포도
포도는 고양이의 신장에 장애를 일으켜 급성신부전에 걸릴 수도 있습니다.

자일리톨
간독성 및 신경 증상을 일으킬 수 있습니다.

아보카도
퍼신이라는 성분이 구토와 설사를 일으킬 수 있습니다.

마카다미아
신경과 근육, 소화 기능에 문제를 일으킬 수 있습니다.

생선 뼈, 닭고기 뼈
날카롭게 쪼개진 뼛조각이 식도나 위에 상처를 낼 수 있습니다.

알코올
고양이가 알코올을 섭취할 경우 간 손상으로 이어지거나 심장에 문제를 일으켜 호흡이 빨라지고 구토, 설사, 경련 같은 증상을 나타낼 수 있습니다.

독성을 나타내는 식물
은방울꽃, 튤립, 알로에, 포인세티아, 아이비 같은 식물의 꽃이나 줄기, 씨앗에는 고양이에게 독성을 나타낼 수 있는 성분이 들어 있기 때문에 치명적으로 작용할 수 있습니다.

고양이가 아프기 시작할 때 보이는 징후

고양이는 아파도 겉으로 내색하지 않고 심지어 숨기는 본능을 가지고 있습니다. 하지만 고양이의 건강을 살피고 보호해 줄 수 있는 사람은 보호자밖에 없습니다. 평소에 신체나 행동에 문제가 있는지 살피고 조금이라도 이상한 점을 발견할 경우에는 빨리 동물 병원을 방문하여 적절한 치료를 해야 합니다. 식욕이 떨어지거나 구토를 반복하지 않는지, 대소변의 형태나 횟수에 변동이 있는지, 만졌을 때 아파하는 부위가 있거나 보행이 이상하지는 않은지, 구석에 자꾸 숨거나 활동성이 심하게 떨어지는지 세심하게 살펴서 조기에 이상 증상을 발견하는 것이 중요합니다.

기운이 없다냥.

2 고양이 설사

흔히 집사는 고양이의 변을 감자라고 표현을 하는데, 고양이의 변 상태를 평소에 체크해 두는 일은 건강 관리에 큰 도움이 됩니다. 일반적으로 젓가락으로 집을 수 있을 만큼 단단하거나 살짝 눌러질 정도의 수분을 포함하고 있는 변은 건강한 상태라고 할 수 있습니다. 하지만 과식을 하거나 소화가 잘 안 되는 음식을 먹거나 스트레스를 받을 경우 소화 기관에 문제를 일으켜 설사를 할 수 있습니다. 보통 고양이는 급성 설사보다는 만성적인 설사를 하기 쉽습니다. 또한 점액변 형태의 혈변을 여러 차례 보일 경우에는 대장에 문제가 있을 가능성이 높고, 검은 설사, 구토를 동반할 경우에는 위나 소장에 질병이 있을 가능성이 높습니다. 설사, 복통, 구토를 오래 할 경우 탈수 증상과 함께 고양이의 체력이 급격히 떨어져 목숨이 위험할 수도 있습니다. 한시라도 빨리 병원에 데리고 가서 검사를 받아야 합니다.

3 고양이가 자주 걸리는 질병

전염성 복막염
고양이 코로나 바이러스가 원인으로 복수나 흉수가 차고 치사율이 높은 질병입니다. 식욕 부진, 복부 팽만, 설사, 빈혈, 기력 소실 같은 증상을 보이며 완치는 거의 불가능합니다. 항바이러스 제제나 인터페론, 혈장 수혈 같은 치료가 필요합니다.

고양이 범백혈구 감소증
고양이 파보 바이러스가 원인으로 새끼 고양이가 이에 걸렸을 때 심한 설사와 식욕 부진, 구토, 혈변 같은 증상을 보이며 백혈구가 빠르게 감소합니다. 백신으로 예방이 가능하지만 치사율이 높습니다.

고양이 감기
고양이 칼리시 바이러스나 클라미디아가 병원체 때문에 걸리며 기침, 콧물, 눈곱, 결막염, 구내염 같은 증상을 보입니다. 감염된 고양이와 직접적으로 접촉할 때나 분비물 등으로 전염됩니다.

요석증
방광이나 요도, 요관 등에 결석이 생성되어 방광염이나 폐색 증상을 나타내는 질병입니다. 소변을 제대로 못 보거나 통증, 혈뇨 같은 증상을 보이며 심할 경우 요독증으로 발전하여 목숨을 잃을 수도 있기 때문에 조기에 빠른 진단과 치료가 필요합니다. 수술로서 결석을 제거해야 하며 예방하기 위해서는 평소에 물을 많이 마시는 습관을 들여야 합니다.

기관지염, 폐렴
고양이 감기가 악화될 경우 이러한 질병으로 발전할 수 있습니다. 발작적인 마른 기침, 호흡 곤란, 발열, 심한 눈곱 같은 증상을 보이며 조기에 항생제와 수액 처치 등을 받아야 합니다.

갑상선 기능 항진증
갑상선 호르몬이 과도하게 분비되는 것이 원인으로 심하게 야위고 배뇨를 잘 못하며 성격도 변하게 됩니다. 나이가 많은 노령묘에서 자주 나타나고 호르몬 치료를 지속해서 받아야 합니다.

당뇨병
췌장에서 분비되는 인슐린 분비에 문제가 생길 때 발생하는 질병으로 구토, 설사, 체중 감소, 탈수 같은 증상을 보입니다. 혈당 조절을 위한 식이요법과 인슐린 투여 등이 필요하며 평생 관리가 필요합니다.

비대형 심근증	심장의 근육이 두꺼워져서 심장 기능이 저하되는 질병으로 체력 저하, 기침, 호흡 곤란, 뒷다리 마비 같은 증상이 나타납니다. 노령성 질환으로서 심장 기능을 촉진하는 약물이나 혈전 억제제 등으로 관리해야 하는 질병입니다.
고양이 위장염	바이러스나 세균 감염, 상한 음식 등으로 위장에 염증이 발생하는 질병입니다. 설사, 구토, 탈수 같은 증상을 보이며 수액 처치와 항생제, 소염제 같은 치료가 필요합니다.
결막염	주로 고양이 허피스 바이러스나 칼리시 바이러스가 원인이 되며, 고양이끼리 싸우다가 생긴 상처를 통해 감염이 되기도 합니다. 심한 눈곱, 충혈, 가려움증 같은 증상을 나타내며 항생제 안약을 투약함으로써 치료합니다.
구내염	입안의 상처나 치석, 바이러스 등에 의해 발생하며 식욕 부진, 점막 부종, 통증 등을 나타냅니다. 만성화되거나 궤양으로 발전하기도 하므로 조기에 항생제, 소염제, 스켈링 같은 치료를 받아야 합니다.

4 고양이 약 먹이기

고양이에게 약을 투여할 경우에는 반드시 동물 병원에서 처방받은 약만을 사용하고 투여 분량과 횟수를 준수하여야 합니다. 드물긴 하지만 모든 약은 고양이의 체질과 성향에 따라 부작용이 나타날 수 있으므로 이상이 발견되는 즉시 수의사와 상담하는 것이 좋습니다. 맛이 너무 쓴 가루약의 경우에는 거품을 흘리거나 심하게 거부할 수 있기 때문에 영양제와 섞어 주거나 캡슐에 넣어서 투약해야 합니다. 약을 먹일 때에는 고양이에게 물리지 않도록 조심스럽게 입을 벌리고 가능한 목 안쪽까지 약을 깊숙하게 집어넣습니다. 그러고 나서 재빨리 입을 막고 고개를 들어 올린 뒤 부드럽게 목을 문질러 줍니다. 또한 확실히 삼켰는지 확인해야 하지요. 몇 번에 나누어 먹이는 건 상관없지만 정량을 모두 먹여야 합니다. 고양이에게 약을 먹인 뒤에는 항상 간식으로 보상해 주어서 약 먹는 행위를 긍정적으로 인식하도록 하여야 합니다.

길고양이를 못살게 굴지 마세요!

집에 돌아오는 길에 간혹 길고양이를 마주칠 때가 있어.

그럴 때마다 난 집에 있는 소미가 생각나서 도저히 그냥 지나칠 수가 없더라고. 몇 시간이고 쭈그리고 앉아 가만히 보고 있으면 그렇게 귀여울 수가 없어. 하나하나 아이들마다 생김새도 다르고 성격도 달라. 경계심이 강해서 아무리 불러도 멀찌감치 떨어져 있는 아이도 있고, 호기심 가득한 눈빛으로 다가와서 내 손길에 몸을 맡기는 아이도 있어. 마음 같아서는 죄다 데리고 집에 가고 싶지만 나 혼자 사는 게 아니라서 안타까울 뿐이야.

얼마 전부터 우리 동네 캣맘 까페에 가입했어. 알고 보니 지역마다 구역을 정해서 몇 마리씩 관리를 하고 있더라고. 하나같이 고양이를 사랑하는 좋은 분들이고, 은근히 영양가 있는 정보도 많이 얻을 수 있어. 내가 요새 돌보는 아이들은 총 세 마리야. 사람들 눈에 잘 띄지

않는 조용하고 안전한 곳에 보금자리를 마련해 주고 하루에 한 번씩 사료를 가져다 주고 있어. 의외로 길고양이가 물을 마실 수 있는 기회가 적기 때문에 깨끗한 물을 자주 공급해 주는 것도 아주 중요해.

　다행스럽게도 나는 중성화 수술을 받은 고양이만 돌보고 있어. 우리 지역 구청이랑 수의사 단체에서 TNR 사업이라는 걸 하고 있는데, TNR은 Trap(포획), Neuter(중성화), Return(방사)의 앞 글자를 딴 단어로 길고양이들의 무분별한 번식을 막고 개체별 영역을 확보해 줄 수 있는 좋은 방법이야. 발정 난 암고양이가 밤새도록 시끄럽게 구애 활동을 하는 걸 막기도 하지. 세 마리 모두 왼쪽 귀가 조금씩 잘려져 있는데, 이 표식은 이미 중성화 수술을 했다는 증거야.

가끔씩 인터넷 기사를 보다 보면 아직까지도 끔찍한 일이 빈번하게 일어나고 있는 것 같아. 길고양이들에게 장난으로 돌멩이를 던져서 다치게 하는 아이들, 아파트 옥상에서 던진 벽돌에 맞은 캣맘들, 사이코 같은 학대나 끔찍한 화상을 입은 고양이들까지……. 도대체 길고양이가 무슨 잘못을 했다고 그러는지 난 이해할 수 없어. 아마도 길고양이가 전부 사라진다면 천적을 잃은 쥐 떼들이 득실대면서 전염병 같은 엄청난 문제가 발생할 텐데 말이야.

그래도 요즘은 예전보다는 길고양이에 대한 인식이 많이 나아졌어. 동네마다 길고양이를 위한 급식소도 늘어났고 캣맘, 캣대디에 대한 시선도 훨씬 부드러워진 것 같아. 어서 빨리 사람들에게도 길고양이가 단순히 밤에 시끄럽게 울거나 쓰레기 봉지나 파헤쳐 놓는 해로운 존재가 아니라 함께 세상을 살아가는 친구로서 받아들여졌으면 좋겠어.

국가의 위대함과 도덕적 수준은 그 나라에서
동물이 어떠한 취급을 받는가에 따라 판단할 수 있다.
– 마하트마 간디

월간 야옹 | 이 달의 인터뷰

캣맘을 만나다

서초구에서 길고양이를 돌보고 있는
캣맘 이상희씨를 만나 길고양이와
캣맘에 대한 이야기를 담았다.

취재기자 | 한사랑

모든 고양이를 사랑하는 마음과
강한 희생 정신이 필요하죠.
내가 준 사료를 먹기 시작한
순간부터 그 고양이는
내 가족이라고 생각해요.

사회자 오늘은 서초구에서 길고양이들을 위한 활동을 하고 있는 캣맘 이상희씨를 만나겠습니다. 안녕하세요?

캣맘 네, 안녕하세요? 반갑습니다.

사회자 인터뷰에 응해 주셔서 감사합니다. 그럼 몇 가지 질문을 드릴게요. 어떻게 캣맘이 될 생각을 하셨나요?

캣맘 저는 어려서부터 고양이를 좋아했어요. 현재 집에서 고양이를 6마리 기르고 있어요. 어쩌다 보니 길고양이들을 한 마리씩 집에 데리고 와서 기르게 되었고, 이렇게 많은 고양이를 키우게 되었죠. 원래 집사들 사이에서는 "고양이가 고양이를 부른다!" 라는 말이 있거든요. 그런데 집에도 한계가 있어서 더 이상 집에 고양이를 데리고 올 수가 없네요. 안타까운 마음에 동네 골목을 다니다가 눈에 밟히는 길고양이들을 만나면 한두 마리씩 밥을 주기 시작하였고, 본격적인 캣맘이 되었죠.

사회자 혹시 얼마나 많은 캣맘들이 활동하고 있나요? 그리고 캣맘이 되려면 특별한 자격 조건이 필요한가요?

캣맘 현재 저희 서초구에는 공식적으로 대략 40명 정도의 캣맘들이 활동하고 있어요. 하지만 밖으로 드러내지 않고 조용히 고양이들 밥을 챙겨 주는 분들도 꽤 많이 있지요. 사실 길고양이를 돌보는 일은 금전적인 보상을 바라는 일이 아니잖아요? 그렇기 때문에 모든 고양이를 사랑하는 마음과 강한 희생 정신이 반드시 필요하죠. 내가 준 사료를 먹기 시작한 순간부터 그 고양이는 내 가족이라고 생각해요.

사회자 그러면 캣맘으로서 이상희씨는 어떤 활동을 하시나요?

캣맘 저는 현재 디자인 회사에 다니고 있는데, 낮에는 열심히 일을 하고 저녁 늦게 퇴근하고 나서는 길고양이 10마리를 돌보고 있어요. 매일 밤, 1시간 동안 길고양이에게 사료와 물을 주고 1시간 뒤에 나가서 그릇을 전부 회수하고 있답니다.

사회자 그릇을 회수하는 이유가 있나요?

캣맘 그릇을 치우지 않으면 주변이 지저분해져서 사람들이 싫어하거든요. 사료는 가능하면 사람들 눈에 띄지 않는 밤 시간을 이용해서 하루에 딱 한 번만 줘요. 그 이유는 혹시나 고양이들이 다른 사람들에게 해코지를 당할 수도 있고, 하루에 여러 번 사료를 줄 경우 고양이들이 온종일 그 자리를 떠나지 않고 사료만 기다리고 있을 가능성이 있기 때문이에요. 그래서 캣맘들은 마음대로 여행을 가거나 아플 수도 없습니다.

사회자 와, 정말 대단하네요! 마지막으로 캣맘이 되고 싶은 분에게 도움이 되는 말 한마디 부탁드릴게요!

캣맘 길고양이를 돌보는 일은 '누구나 할 수 있지만 아무나 할 수는 없는 일'이에요. 혹시라도 길고양이들에게 사랑을 나누어 주는 일에 관심이 있는 분은 인터넷 캣맘 까페나 지역 구청에 연락해 주길 부탁드려요!

사회자 네, 좋은 말씀 감사드립니다. 이상 캣맘과의 인터뷰를 마치겠습니다. ✿

1 길고양이 풍선 효과

간혹 길고양이가 쓰레기봉투를 헤집고 다니고 밤에 시끄럽게 운다고 해서 무조건 싫어하는 사람이 있습니다. 그런 사람들은 동네에 돌아다니는 도둑 고양이를 전부 잡아서 안락사시켜야 한다고 주장합니다. 그런 주장은 본능적으로 영역을 중시하는 고양이의 습성을 잘 모르고 하는 말입니다. 한 지역의 길고양이들을 퇴치하는 것은 다른 지역의 길고양이들을 유입시키는 결과만 가져올 뿐입니다. 이런 현상을 한쪽을 누르면 다른 한쪽이 부풀어 오르는 풍선의 모양을 따서 길고양이 풍선 효과라고 부릅니다. 그렇기 때문에 길고양이를 포획해서 중성화 수술을 시킨 뒤 그 지역에 다시 풀어놓는 TNR 사업과 길고양이 급식소 설치 사업이 중요한 것입니다.

2 길고양이 조류 독감 전염 가능성

• 고양이가 H5N6형 고병원성 조류 독감에 감염된 사실이 확인되면서 조류 독감 바이러스의 인체 감염에 대한 우려가 높아지고 있습니다. 하지만 조류 독감의 인체 감염은 고양이로부터 사람에게 감염이 이루어지는 것보다 바이러스에 감염된 야생 조류나 가금류에 직접 노출됐을 때 감염될 확률이 훨씬 높습니다. 물론 고양이를 통한 조류 독감 바이러스의 인체 감염 가능성이 전혀 없는 것이 아니기 때문에 충분히 주의하고 대비해야 합니다. 감염을 예방하기 위해서는 평상시 손 씻기와 호흡기 관리 등 개인 위생을 철저히 하고 철새 도래지 등 야생 조류 지역 방문을 삼가며, 가금류에 노출될 확률이 높은 직업군은 철저한 방역 의식을 가지고 차단 방역에 나서야 합니다.

• 집에서 고양이나 개를 반려동물로 키우고 있는 보호자도 조류 독감에 대해 많은 걱정을 하고 있지요? 하지만 어렸을 때 예방 접종을 완료하고 실내에서 반려동물을 키우고 있는 경우에는 조류 독감에 감염될 가능성이 거의 없습니다. 하지만 조류 독감 발생 지역 및 인근 지역에 거주하는 경우에는 가급적 외출을 삼가고 하천이나 강변, 야산 등 야생 조류가 서식하거나, 이들의 분변이 존재할 수 있는 장소에 방문하는 것을 자제하는 것이 좋습니다.

• 길고양이에게 먹이를 줄 때에는 고양이와의 접촉을 최대한 자제하고, 장갑과 마스크 등 개인 보호 장비를 착용하는 것이 좋습니다. 또한 먹이통 등을 만진 뒤에는 손을 씻고, 손으로 눈, 코, 입을 만지는 것을 피해야 합니다. 혹시라도 심하게 기침을 하는 등 호흡기 증상을 보이거나 그 외 조류 독감으로 의심되는 증상을 보이는 고양이를 발견했을 때는 관할 가축 방역 기관(1588-9060)에 즉시 신고해야 합니다.

우리 소미도 나이를 많이 먹었나 봐

요새 소미의 행동이 많이 굼뜬 것 같아. 예전에는 높은 곳을 좋아해서 창틀이든 캣타워든 제일 높은 칸에 올라가 식빵 자세로 앉아 있곤 했는데, 지금은 하루 대부분을 침대 위에서 가만히 졸고만 있어. 그러고 보니 잠자는 시간도 많이 늘어난 것 같아.

예전처럼 그루밍도 열심히 하지 않고 털도 윤기를 잃어 희끗희끗하고 많이 푸석해졌어. 그렇게 좋아하던 장난감도 시큰둥해서 툭툭 몇번 발로 치다가 그만두기 일쑤야. 그 대신 성격이 약간 더 예민하고 괴팍해진 것 같아. 가끔은 이유도 없이 하악질을 하고 짜증을 부리거든.

얼마 전부터는 동물 병원에서 치과 치료도 받고 있어. 수의사 선생님에게 물어봤더니 잇몸에 염증이 심각하다고 해. 꽤 오랫동안 진행되어서 이빨 몇 개가 흔들릴 정도로 상태가 안 좋다고, 통증이 심하기 때문에 사료를 잘 먹지 못하는 것이라고 했어. 우선 이빨 사이사이마다 잔뜩 끼어 있는 치석을 제거하기 위해 스켈링을 받았고, 빨갛게 부어 있는 잇몸 염증을 가라앉히기 위한 치료도 시작했어. 이렇게 아플 때까지 말도 못하고 얼마나 끙끙거리며 참았을지……. 솔직히 선생님한테 혼난 것이 창피했지만 소미한테 더 많이 미안했어. 선생님은 소미를 위해서 식생활을 개선해야 한다고 했어.

"지금 소미 나이가 12살인데, 사람으로 치면 환갑이 넘은 나이예요. 이렇게 고양이가 나이가 들면 우선 소화하기 쉽도록 단백질 함량이 높고, 칼로리가 낮은 노령묘 사료로 바꿔 줘야 해요. 가능하면 하루에 여러 번씩 나눠서 사료를 주고, 물을 많이 먹이기 위해 습식 사료를 이용하는 것도 좋은 방법이죠."

"선생님, 그러면 평소에 집에서 소미의 건강 상태는 어떻게 체크하면 돼요?"

"사랑이가 지금 하는 것처럼 소미의 평소 습관을 잘 알고 어떤 점들이 달라지는지 잘 기록하는 게 중요해요. 식사량과 체중 변화를 살펴보고, 화장실 상태를 확인해야 돼요. 털이나 발톱 관리를 수시로 해 주고 피부에 문제가 없는지 확인하는 것도 필요해요."

선생님의 이야기를 듣고 보니 갑자기 요즘에 달라진 소미의 상태가 걱정이 돼서 다시 물어봤어.

"아참! 고양이도 치매가 올 수 있다는 게 사실이에요?"

"맞아요. 고양이도 사람과 마찬가지로 치매에 걸릴 수 있어요. '고양이 인지 기능 장애 증후군'이라고 하는 치매 증상은 보통 10살이 넘은 고양이에게 많이 나타나는데, 15살이 넘은 고양이는 대략적으로 2마리 중 1마리가 치매 증상을 보인다는 연구 결과도 있어요. 일반적으로 주인을 알아보지 못하거나 화장실을 못 가리고, 방향 감각을 상실하거나 공격성을 심하게 나타내기도 해요."

"어머? 요새 소미의 상태와 조금 비슷한 것 같아요. 그럼 어떻게 해야 해요?"

"사실 치매는 치료나 관리가 쉽지 않은 질병이에요. 치매를 예방하기 위해서는 항산화제가 풍부하게 들어 있는 사료와 영양제를 먹이거나 환경의 변화를 최소한으로 줄여 스트레스 요인을 억제시켜 줘야해요. 꾸준히 놀아 주는 시간을 갖는 것도 치매 예방에 도움이 돼요."

참 시간이 빠르게 흘러가는 것 같아. 걸음도 잘 걷지 못하던 소미를 처음 만났을 때가 엊그제 같은데 벌써 나이를 이렇게 먹었구나. 병원에 다녀와서 솔직히 걱정을 많이 했어. 언젠가 소미가 더 나이를 먹고 우리 곁을 떠날 지도 모른다는 생각을 하니 가슴 한 켠이 저려 와. 10년이고, 20년이고, 조금 더 건강하게 우리랑 같이 살기를 바라는 건 그저 지나친 욕심인 걸까? 혹시 내가 소미를 위해서 뭔가 더 해 줄 수 있는 일이 있지는 않을까?

1 노령묘 관리법

나도 늙었다냥!

• 일반적으로 7세 이후의 고양이는 노화 징후가 나타나며 보호자 스스로도 노령묘에 대한 인식을 다르게 해야 합니다. 혼자서 스크래칭이나 그루밍을 할 수 없는 경우도 있고 잇몸 병, 인지 장애 증후군, 시력 저하, 활력 저하 같은 증상이 나타나기도 합니다. 적어도 6개월에 한 번씩은 종합 검진을 통해서 여러 질병을 사전에 예방할 수 있도록 하고, 고양이가 보내는 노화 신호를 놓치지 말고 적절한 방법으로 보살펴야 합니다.

• 사료는 탄수화물을 줄이고 단백질 함량을 높인 노령묘 전용 사료로 교체해야 합니다. 또한 물그릇을 여러 곳에 배치하여 물을 자주 마실 수 있도록 해야 합니다. 노령묘에게는 화장실 칸막이를 넘는 행동 자체가 힘겹게 느껴질 수도 있기 때문에 낮은 형태로 바꿔 주고 의도치 않게 배변 실수를 할 경우에도 너무 혼내지 말고 배변 패드를 넓게 깔아 줄 필요가 있습니다. 그루밍을 스스로 안 할 경우에는 수시로 빗질을 해서 털 관리를 해 줘야 하고 발톱 관리 및 양치질 등도 신경을 써야만 합니다. 또한 잦은 이사나 리모델링은 극심한 스트레스를 줄 수도 있기 때문에 가능한 자제하고 조용하고 익숙한 환경을 제공해 주는 것이 좋습니다.

2 헤어짐을 준비하는 방법

고양이의 수명은 사람보다 짧습니다. 그러므로 가족처럼 지내던 고양이의 죽음은 언젠가는 반드시 찾아올 수밖에 없습니다. 마지막 순간까지 곁에서 지켜 주는 것은 집사로서 해 줄 수 있는 최고의 사랑이자 배려라고 할 수 있습니다. 사랑하는 고양이가 생의 마지막을 다하게 되면 유체를 깨끗하게 정리하여 안치해야 합니다. 평소에 다니던 동물 병원에 의뢰하거나 반려동물 장례업체를 이용하면 정해진 절차에 따라 화장을 하고 유골을 수습할 수 있습니다.

3 펫로스 증후군

사랑하는 고양이를 떠나 보내고 허탈함이나 죄책감, 불면증, 식욕 부진, 기력 저하 등에 시달리는 증상을 펫로스 증후군이라고 합니다. 아마도 반려동물을 키우는 보호자라면 누구나 한 번쯤은 겪어야만 하는 감정이기에 충분히 울고 슬퍼할 시간적 여유가 필요합니다. 하지만 너무 과하게 힘들어 하는 건 이미 떠나보낸 동물이 바라는 바가 아닐 것입니다. 죄책감에 시달리기보다는 충분히 슬퍼하고 애도하는 시간을 통해 고양이가 사람보다 먼저 떠나는 것을 당연하게 받아들여야 합니다. 그리고 본인의 생활을 반려동물에게만 과도하게 의존하지 않는 것도 중요합니다. 같은 감정을 공유할 수 있는 친구나 모임이 있다면 도움을 받는 것도 좋은 방법입니다.

넌 내게 최고의 집사였어

여기가 어디지? 내가 잠깐 잠이 들었었나 봐. 그런데 왜 이렇게 눈꺼풀이 무거운 걸까? 내 몸 위로 길게 드리워진 줄은 뭐지? 많이 무거워. 누가 이것 좀 치워 줬으면 좋겠어.

손발에 감각이 없어. 양쪽 손등에 침을 발라 신나게 그루밍을 하고 싶은데, 시원하게 기지개를 켜고 스크래처를 정신없이 긁고 싶은데, 몸이 말을 안 들어. 목이 많이 타. 누가 나한테 물 한 모금만 주면 안 될까? 시원한 물 말이야.

응? 가족이 모두 모여 있네. 이렇게 다 함께 있는 모습은 오랜만에 보는 것 같아. 그런데 왜 그렇게 모두 슬픈 눈을 하고 있는 거야? 난 지금 그럭저럭 기분이 나쁘지 않은데? 내가 내는 그르렁 소리가 들리지 않니? 나 좀 쓰다듬어 줘. 낚싯대 놀이가 하고 싶어.

헤헤, 내가 좋아하는 수의사 선생님이다. 참 오랫동안 신세를 진 것 같아. 따끔한 주사를 놓고 쓰디쓴 가루약을 줘서 가끔씩 밉기도 했지만, 그래도 난 선생님이 참 좋았어요. 내가 아파서 병원에 올 때마다 선생님의 정성 어린 마음이, 걱정스러운 눈길이 믿음직스럽게 느껴졌거든요. 어라? 방금 전에 저한테 놓은 주사는 뭐예요? 혹시 조금이라도 내 고통을 덜어 주기 위한 건가요? 그렇다면 고마워요, 선생님! 사실 아까부터 가슴 부근이 너무 아파서 숨 쉬기가 힘들었거든요.

아이고, 주인님! 그만 좀 울어요. 눈이 퉁퉁 부었잖아요. 나 괜찮아요. 이젠 괜찮아요. 이렇게 주인님 품에 안겨 있으니까 따뜻하고 기분이 좋네요. 살짝 졸릴 뿐이에요.

그런데, 주인님 그거 알아요? 내가 이젠 주인님보다 나이가 훨씬 많다는 것을요. 사실은 벌써 오래전에 주인님 나이를 훌쩍 뛰어넘었어요. 그래서 이제는 더 이상 주인님이라고 부르고 싶지가 않네요. 지금부터는 조금 다르게 불러도 이해해 줄거죠?

사랑아, 내가 세상에서 제일 사랑했던 사랑아!

너도 그새 많이 컸구나. 내가 널 처음 만난 건 아마도 10살짜리 꼬마 아가씨 때였을 거야. 유난히 볼이 통통해서 참 귀여웠는데. 거리를 방황하느라 꼬질꼬질했던 날 손바닥에 받쳐 들고 가만히 쳐다보던 너의 눈망울이 아직도 내 기억 속에는 생생하게 남아 있단다. 때로는 날카로운 발톱으로 너에게 상처를 입히기도 하고, 집에 나만 혼자 두고 밖에서 놀다 들어온 너에게 괜히 심통을 부릴 때도 있었어. 그래도 이렇게 성질이 못된 나를 한결같이 따뜻한 손길로 만져 주는 건 이 세상에 너 하나밖에 없었어.

부디 너무 슬퍼하지 않았으면 좋겠어. 그리고 너무 힘들어하지 않았으면 좋겠어. 밥 잘 먹고, 잠 잘 자고, 좋은 남자 친구 만나서 연애도 하고, 행복하게 살았으면 좋겠어. 누군가 말했잖아. 동물이 사람보다 먼저 하늘나라에 가는 건 나중에 마중 나오기 위해서라고.

이젠 알 것 같아. 내가 왜 이 세상에 태어났는지.
아마도 그건……

사랑이 널 만나기 위해서였을 거야.

고마워! 사랑아. 넌 내게 최고의 집사였어. 🐾

작별 인사에 낙담하지 말라.
재회에 앞서 작별은 필요하다. 친구라면
잠시 혹은 오랜 뒤라도 꼭 재회하게 될 터이니.

− 리처드 바크 −